日経文庫
NIKKEI BUNKO

量子コンピュータまるわかり

間瀬英之・身野良寛

日本経済新聞出版

はじめに

量子コンピュータと聞いて、「今のコンピュータよりも桁違いに高速なコンピュータ」「IBMやグーグルなど海外を中心に開発が進んでおり、日本でも競争が激化していると新聞記事で読んだ」「実際の業務で利用できるまで、まだ何十年もかかると聞いたことがある」などと漠然としたイメージを思い浮かべる人も多いのではないでしょうか。

また、実際のところ、「量子コンピュータの現在地はどこなのか」「どの企業がどのようなユースケースを検討しているのか」といった疑問を持つビジネスパーソンも多いと思います。量子コンピュータが広く社会で利用されるには、乗り越えるべき課題がたくさんありますが、今後、技術が指数関数的に進歩して、それらの課題が解消される可能性があります。

アマラの法則をご存じでしょうか。われわれは、技術が与える社会や経済への影響について、短期的には過大評価を行い、長期的には過小評価をする傾向にある、というものです。指数関数的に成長を続ける技術に対して、リニア思考で未来を予測しては打つべき手を見誤ってしまいます。正しく技術を評価し、活用するためには、最新動向を追い続け、その仕組み・本質を学ぶことが重要です。

本書の目的は、ビジネスパーソンが本書を通して、量子コンピュータの全体像の把握、最新の技術や活用動向への理解を深め、自社の経営戦略や事業立案に役立ててもらうことです。

第1章は、量子コンピュータの全体像を把握できるように、実用化の現在地や、2種類に大別される量子コンピュータの概要、ハードウェアの仕組みを解説しました。第2章は、クラウドプラットフォームとソフトウェア開発キットの動向、代表的な量子アルゴリズムの概要について記載しました。第3章では、量子コンピュータを開発するハードウェアやソフトウェア企業、スタートアップの動向、産官学コンソーシアムの動向を紹介しています。

第4章は、各国（北米、欧州、アジア・オセアニア）の政策動向、標準化団体の動向、特許の動向を記述しました。第5章、第6章では、金融、化学、情報、製造分野における民間企業や大学・研究機関の実際の取り組み事例を解説しました。

最後の第7章では、量子コンピュータの未来と題して、克服すべき課題、今後のロードマップとマイルストーン、人材育成、技術進化の方向性、量子コンピュータ業界の展望を考察しました。

「量子コンピュータはマイクロソフトがスライドで発表したことだが、私は本当に理解できない。私は物理や数学について、かなりの知識を持っている。だが、スライドの内容はまるで象形文字。それが量子コンピュータだ」

これは、2017年にマイクロソフトが量子コンピュータのビジョンを提唱した際に、ウォール・ストリート・ジャーナルのインタビューで同社の共同創業者ビル・ゲイツ氏が語った言葉です。このように、量子コンピュータは非常に難解ですが、本書は大学で物理や数学を未習の方でも抵抗なく読めるように、わかりやすく丁寧な説明を心がけました。

本書がビジネスパーソンにとって、量子コンピュータの現状を理解し、利活用の検討の一助となれば幸いです。

2023年11月

間瀬英之
身野良寛

量子コンピュータまるわかり　目次

第3章　量子コンピュータに取り組む企業の動き　73

第4章 各国の政策と標準化、特許の動向 145

第5章　量子ゲート方式の活用事例　183

第1章

量子コンピュータのインパクト

1　実用化で見えてきた成果

(1)　1兆2000億ドル（180兆円）以上の経済価値を生む

私たちの生活にかかわる多くの部分において、量子コンピュータの活用が期待されています。また、身近な問題だけでなく、社会レベルの大きな問題の解決も期待されています。

米マッキンゼーの調査によれば、量子コンピュータによって生み出される経済価値は、2035年までに6200億ドルから1兆2700億ドル（180兆円以上）（1ドル＝149円。2023年9月29日時点）に達する可能性があるとしています。また、米ボストン・コンサルティング・グループの調査では、2035年頃に、新たな収益の創出とコスト削減により、ユーザ側に4500億ドルから8500億ドルの利益が生み出されると推定されています。

特に、エネルギー・材料、創薬、自動車、金融などの領域で大きな潜在的価値があると期待されています。エネルギー・材料、創薬では素材の材料探索や開発効率化、自動車では電気自動車のための高性能バッテリーの開発や渋滞の緩和などの交通制御、金融では複数の株式から最適な組み合わせを選ぶポートフォリオ最適化や、少ない計算量で高精度のリスク計算を行う金融リスクシミュレーションなどでの活用が検討されています。

では、現在の量子コンピュータの実用化状況はどうなっているのでしょうか。その答えは、世界中で多数の取り組み、実証実験が行われており、一部では実現場で利用が始まっている段階です。しかし、現在の量子コンピュータ技術は万能ではありません。各社のプレスリリースなどの発表をよく見ると、量子コンピュータ利用による結果の比較対象が人手作業であるなど、本当に量子コンピュータの利用で有用な効果を発揮したのかはハイプ（誇大広告）を疑うべき状況であり、冷静に見極める必要があります。

量子コンピュータは、2019年に米グーグルが量子超越性を発表し、新聞やニュースで取り上げられ、一般にも知られるようになりました。量子超越性とは、現在私たちが使っている古典コンピュータでは現実的な時間で解けない問題を、量子コンピュータなら解けることを証明することです。古典コンピュータの古典は、古いという意味ではなく、非量子と捉える程度で問題ありません。また、ここでの問題とは有用性を問わず、社会で実際に役立つ必要はありません。

グーグルの量子超越性とは、乱数を生成するランダム量子回路サンプリングという実用的ではない問題について、当時の最先端スーパーコンピュータ（米IBM製）で1万年かかる計算をわずか3分で解いたというものでした。

この発表後は、IBMによる反論や中国の研究チームの研究発表もあり、現在ではスーパーコンピュータを用いて、ほぼ同様の時間で計算ができるようになっています。しかし、量子コンピュータの性能が今後さらに向上すれば、現在の古典コンピュータよりも優位なコンピュータとして、社会に大きなインパクトを与える可能性があります。

(2) さまざまなビジネス現場での活用

グーグルの量子超越性の発表後、量子コンピュータへの投資が非常に活発化しています。ボストン・コンサルティング・グループの調査によると、2010年から2022年までの量子コンピュータへの資本投資額は33・1億ドルに及び、そのうち2021年、2022年の2年間で21・5億ドルを占めます。つまり、過去10年間の投資額よりも、直近2年間の投資額のほうが約2倍大きく、量子コンピュータへの興味、関心、期待の高まりがうかがえます。

さらに、ハードウェアとソフトウェア開発で見た場合、その大半はハードウェア開発への投資となりますが、2021年と2022年の2年間のソフトウェア開発への投資は、過去10年間を比較すると80%近く急増していて、量子コンピュータの開発の矛先が基礎段階から応用・実用化に向けて、徐々にシフトしていると見ることもできます。

では、実際の量子コンピュータの実用化例を見てみましょう。

カナダ西部の食品・ヘルスケア製品の販売大手パティソン・フード・グループ（PFG）は2022年後半から、EC（電子商取引）における配送ドライバーのシフト最適化に、カナダのディーウェーブ（D-Wave）の量子コンピュータを利用しています。

同社にはオンライン注文を提供する100を超える小売店と500人の配送ドライバーがおり、加えて、新型コロナウイルス感染症によるEC需要の高まりから、配送ドライバーのシフト最適化に取り組む必要がありました。ドライバーがどの店舗に行くことができるか、各シフト間の時間は少なくとも10時間を確保すること、年功序列の高いメンバーのスケジュール優先順位付けを考慮することなど、制約に反しないように多数のドライバーのシフト表を人手で作成することは容易ではありません。このシフト表の作成業務を数式化し、量子コンピュータで最適化を行うことで、80時間かかっていた人手によるシフトスケジュール作業を15時間に短縮できました。

そのほかにも、米ソフトウェア開発のサヴァント・エックス（SavantX）は、米ロサンゼルスの港湾運用の効率化にディーウェーブの量子コンピュータを利用しています。ロサンゼルスは米国で最も忙しい港であり、特に、貨物を取り扱うプロセスが非効率でした。

港湾運用では、クレーンで大量のコンテナを短時間で貨物船から降ろした後、それぞれの運搬トラックが必要なコンテナを積み、目的地まで運びます。しかし、コンテナはランダムに積み重ねられていて、運搬トラックは自身が求めるコンテナを受け取るまで何時間も待つ場合があります。

そこで、同社は湾岸ターミナルのデジタルツイン（物理空間をデジタル空間に再現し同期させる仕組み）上で10万件以上のコンテナの積み卸しデータを生成し、量子コンピュータを用いて、効率的なコンテナの積み卸しシミュレーションを行いました。

その結果、コンテナの積み卸しにおけるクレーンの利用リソースが40％近く減少し、各クレーンの1日あたりの平均移動距離が8900メートルから6200メートルに短くなりました。また、クレーンによる積み卸し件数が60％以上増加し、トラックの待ち時間が少なくとも30％減少（10分近く短縮）しました。

また、日本のリクルートグループでは、テレビCMの配信の最適化にディーウェーブの量子コンピュータを利用しています。

広告主は一連のテレビＣＭを限られた枠内で個別に配信しています。しかし、広告主は一連のテレビＣＭ全体を視聴者に見てもらうことで、自社ブランドや製品の認知を向上させることを望んでいます。そこで、リクルートグループは視聴者がすべてのテレビＣＭを一定回数見た人数を数値化する指標を作り、この指標を最大化する取り組みを行いました。

1日のテレビ番組の時間帯に限りがある中で、この指標を最大化するためには、複雑な配信スケジュールの組み合わせ最適化問題を解く必要があります。そこに量子コンピュータを利用し、手動によるテレビＣＭの配信スケジューリング手法よりも90％優れた結果を達成しました。

前述のディーウェーブの量子コンピュータは、量子アニーリング方式と呼ばれる量子コンピュータの一種です（次節で解説）。

国内では、擬似量子アニーリングという、量子力学の効果を用いず、量子アニーリングの挙動を半導体上で擬似的に再現した古典コンピュータの実用化も進んでいるのでご紹介します。擬似量子アニーリングは、将来的に量子コンピュータの性能が向上すれば、そのノウハウ・知見を量子アニーリング方式に応用できるとして、国内の大手ＩＴ企業を中心に利用が進んでいます。

NECグループのNECプラットフォームズとNECフィールディングは、それぞれ、生産計画立案業務の自動化・生産性向上、保守部品の配送計画の効率化に対して、同社の擬似量子アニーリングを導入しています。

前者は、熟練作業者が毎日数時間かけて立案していた生産計画を数秒に短縮し、データの準備や人による結果確認などの付帯作業を入れても10分程度に短縮させました。電子部品をプリント基板に実装する表面実装工程を展開する4事業所で、2023年3月より本格的な運用を開始しています。後者では、保守部品の配送計画において、ベテラン社員が2時間かけていた翌日の配送計画業務を12分に短縮させ、2022年10月に東京23区内の配送業務に導入しています。

ほかにも、住友商事グループの物流会社ベルメゾンロジスコは2022年10月、フィックスターズ（Fixstars）社の擬似量子アニーリングを用いた、通販向け物流倉庫の人員最適配置自動作成サービスの実稼働を開始しています。物流梱包業務の担当者の割り当て時間を数時間から15分程度に短縮させました。

量子コンピュータには量子アニーリング方式のほかに、量子ゲート方式があります（次節で解説）。ハードウェアの制約などにより、実用化の例はまだありませんが、産官学で実務上の問題に適用しようとする取り組みが活発に行われています。詳細は第5章で述べますが、金融分野におけるオプション価格の決定やポートフォリオ最適化、化学分野での化学反応モデリングなど、多くの机上・理論検証が行われています。

(3) 世界中の国家、研究機関が取り組む

以上のように、量子コンピュータの実用化に向けて、さまざまな取り組みが行われています。

国内では2023年3月に理化学研究所などの共同研究グループが、国産初の量子コンピュータを開発し、大きなニュースとなりました。同年4月には、日本政府は、新たに量子技術の実用化・産業化に向けた方針や実行計画を示した「量子未来産業創出戦略」を策定したほか、2023年5月には、日米両政府の量子コンピューティングの取り組み支援の一環として、IBMがシカゴ大学と東京大学に10年で最大1億ドル、グーグルが両大学に10年で最大5000万ドルの資金提供をすることを発表しています。

ここで「量子技術」について説明すると、量子技術とは私たちが普段目に見えないミクロ

の世界で成り立つ量子力学（物理法則）を利用し、情報通信や計測の高度化、素材の開発などを行う技術の総称を指します。その代表格が量子コンピュータ（量子技術を応用した計算機）です（図表１－１）。

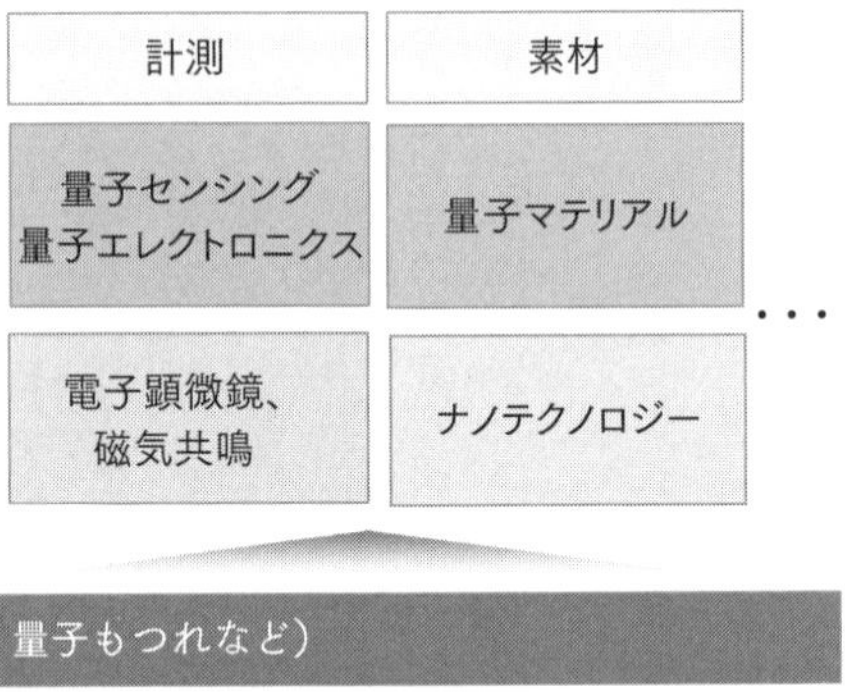

世界では、２０２３年３月に英国政府が10年後のビジョンを設定した「国家量子戦略」を発表しました。英国は２０１４年以来、量子技術の研究開発に10億ポンド（１ポンド＝１８２円。２０２３年９月29日時点）を投資していますが、新たに、２０２４年から10年間で25億ポンドも投資する計画です。ほかにも、２０２３年にインド政府やオーストラリア政府が量子国家戦略を発表するなど、世界中で量子技術の国家戦略の策定、多額の投資が計画されていて、国家レベルでの量子技術への重要性、注目度の高まりをうかがうことができます。

ここまで、量子コンピュータの実用化に向けては、

図表 1-1　量子技術

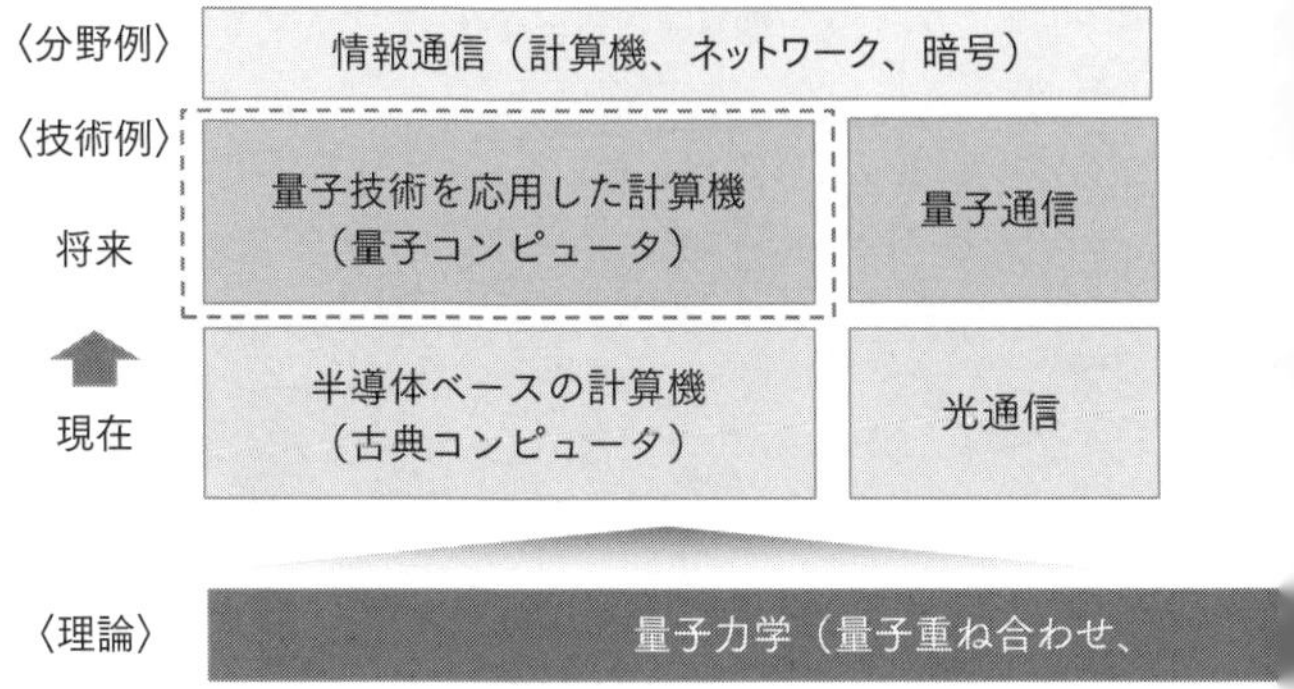

世界中の国家、大学・研究機関、民間企業が巨額の投資、取り組みを行い、一部の企業では量子コンピュータを本格導入していることを紹介しました。しかし、量子コンピュータには乗り越えるべき技術的な課題がたくさんあり、社会が期待する性能を持った大規模な量子コンピュータの開発、活用には時間を要するのが現状です。次節以降で、技術の仕組み、最先端の取り組みなどを解き明かしていきたいと思います。

2　2種類ある量子コンピュータ

(1)　不思議な性質——量子重ね合わせと量子もつれ

量子コンピュータを一言で表現すると、「量子力学」という物理法則を情報処理に応用したコンピュータです。量子とは、私たちの目には見えない原子以下

図表1-2　量子の性質

■量子重ね合わせ

- 1つの量子ビットで“0”と“1”の情報を同時に表現できる。
- 観測すると、状態が一意に確定する。

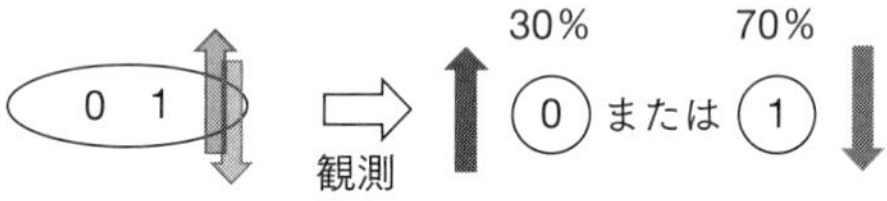

■量子もつれ

- 2個以上の重ね合わせ状態にある量子が相関を持つ。
- うち1つを観測するとただちに他方も状態が確定する。

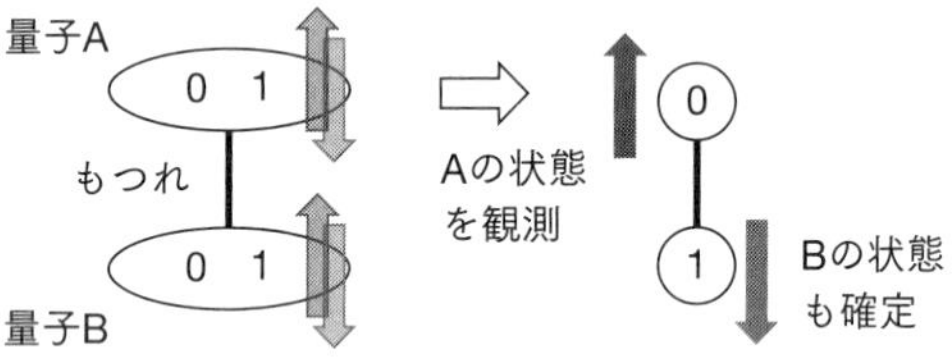

の非常に小さな粒子（素粒子）やエネルギーの単位のことであり、例えば、電子や陽子などが挙げられます。

量子の世界では、私たちの日常の世界（古典物理の世界）とは異なる物理法則が働きます。中でも、量子コンピュータの計算高速化に重要な性質が、量子重ね合わせと量子もつれです（図表1－2）。

量子重ね合わせは、1つの量子が異なる状態を同時に持つ性質です。私たちが普段利用しているコンピュータは、

0または1の古典ビットで情報を処理していますが、量子コンピュータの情報処理の単位である量子ビットでは、0と1の重ね合わせの状態を持つことができます。不思議なことに量子力学の世界では、0と1の状態は必ずしも確定しておらず、あいまいな状態（＝重ね合わせ状態）を持つことができ、観測することで重ね合わせの状態から0か1のどちらかの状態へと変わります。

これにより、N個のビットがあった場合には、2のN乗の組み合わせを同時に表現することができます。例えば、20ビットで表現できるすべての入力パターンを使用して計算する場合、現在の古典コンピュータでは1回の入力で1つのパターンしか表現できないので、2の20乗（約100万回）の入力と計算が必要になります。一方、量子ビットであれば、量子重ね合わせの性質により、1回の入力（20ビット）で、2の20乗（約100万回）パターンの値を同時に表現できます。

次に、量子もつれは、2つ以上の重ね合わせ状態にある量子が相関を持ち、1つの量子の状態が他の量子の状態に即座に影響を与える性質です。例えば、AさんとBさんが、同じ神社から特別なおみくじをもらったとします。これらのおみくじはもつれており、どちらかのおみくじの結果を知ることで、もう一方のおみくじの結果も同時にわかるという不思議な力が備わっています。

Aさんが自宅でおみくじの結果を見ると、結果は大吉でした。同時に、Bさんも自宅でおみくじの結果を見ると、Bさんのおみくじの結果も、Aさんが引いた結果と同じく大吉とわかります。つまり、一方のおみくじの結果を知ることで、もう一方のおみくじの結果も瞬時にわかるというのが量子もつれの性質です。量子もつれを利用すると、相互作用関係を持たせた複数の量子ビットを効率的に操作することができ、量子重ね合わせで得られた多くの解候補から欲しい解をうまく取り出すことができます。

(2) 量子ゲート方式と量子アニーリング方式

量子コンピュータには大きく2つの方式があります。汎用的な計算が可能な量子ゲート方式と、組み合わせ最適化に特化した量子アニーリング方式です。

日本のメディア報道などは、このような2方式で呼ぶことが多いのですが、世界的に標準的な呼び方では、量子コンピュータとは前者の量子ゲート方式を指します。どちらも量子が持つ性質を利用している点は共通ですが、解法手順や実現方式、制御方式、用途目的などは異なるため、まったく別の原理の量子コンピュータと考えるのが正確です。ニュースや記事などで、量子コンピュータといった場合、どちらの方式を指しているのかは注意して読む必要があります。

さらに、量子ゲート方式は2種類に分類することができます。量子誤り耐性あり量子コンピュータ（FTQC：Fault Tolerant Quantum Computer）と、ノイズあり小中規模量子コンピュータ（NISQ：Noisy Intermediate-Scale Quantum）です。

量子ゲート方式の量子コンピュータの技術進展は近年、著しいですが、量子ビット数の不足（扱える問題サイズが限定的）、量子計算の誤り耐性技術が未確立（計算中に生じる誤りを訂正できず、正しい計算結果が得られない状態）といった技術的な課題があります。そのため、現在の量子コンピュータでは実務的に有用な問題を解くことはできません。その解決には、大規模な量子誤り耐性あり量子コンピュータ（FTQC）が必要となりますが、それが実現するには10年以上かかる見込みです。

そのような中、2018年に量子コンピュータ研究の権威であるカリフォルニア工科大学のジョン・プレスキル教授は、量子誤り耐性のないノイズありの小中規模（50～100量子ビット）量子コンピュータであっても、何らか古典コンピュータの性能を上回る（何か実用的に役立つ）ユースケースを持つ量子コンピュータとして、ノイズあり小中規模量子コンピュータ（NISQ）を提唱しました。現在では、古典コンピュータと併用する形での量子古典ハイブリッド型のアルゴリズムなど、さまざまなアプローチで、ノイズあり小中規模量子コンピュータ（NISQ）の研究開発が行われています。

(3)　2つの方式のプロセス

次に、量子ゲート方式と量子アニーリング方式の大まかなプロセス（解法手順）を説明します。

量子ゲート方式では、課題・テーマを設定した後、基幹パーツとなる量子コンピュータ専用のアルゴリズム（量子アルゴリズム）の検討を行います。次に量子ビットに量子ゲートを作用させて演算を行う量子回路を作成します。量子回路は古典計算でも用いる論理回路の量子版と捉えて問題ありません。そして、計算・測定として、量子ビットの初期化、量子的な操作（量子ゲート）、計算結果の読み出しを行います（図表1－3左）。

具体的には、エネルギーの低い基底状態（原子・分子などの持つエネルギーが最も低く安定した状態のこと）で量子ビット状態を0とし、電波やレーザーなどのマイクロ波を与えて、量子ビットの状態を操作（3次元で表現された量子ビットの回転、2つの量子ビットの

図表1-3　量子コンピュータのプロセス（解法手順）

	量子ゲート方式	量子アニーリング方式
課題	課題・テーマの抽出	

設計

量子ゲート方式: 量子アルゴリズムを検討

量子アルゴリズム

名称	主な用途
Shor	素因数分解
Grover	データ探索
・・・	・・・

量子アニーリング方式: 問題をハミルトニアン（エネルギー）で与えられるイジングモデル$H(\sigma)$（またはQUBO）に定式化

$$\mathbf{H}\ (\sigma)\ =-\sum_{i<j}\mathbf{J_{ij}\sigma_i\sigma_j}-\sum_{i=1}^{N}\mathbf{h_i\sigma_i}$$

σ：変数の組｛$\sigma_1, \sigma_2, \cdots, \sigma_N$｝
N：スピンの数（整数）
各σ_i：イジングスピン（{1,－1}を取る変数）
J_{ij}：スピン間の相互作用
h_i：局所磁場

プログラミング

量子ゲート方式: 量子コンピュータに対して量子ゲートを適切に配置し、量子回路を作成

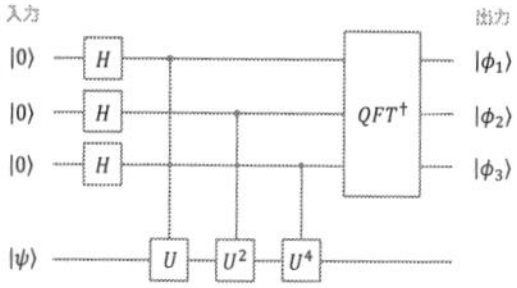

量子アニーリング方式: 定式化したモデルの係数データ（各変数間の結合強度（J_ij）と各変数の重み付け（h_i））を量子コンピュータに設定

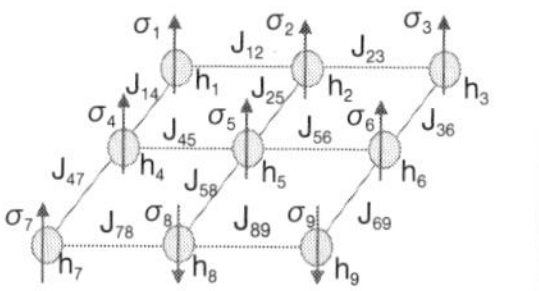

計算

量子ゲート方式: 量子ビットに対して、さまざまな操作を行う

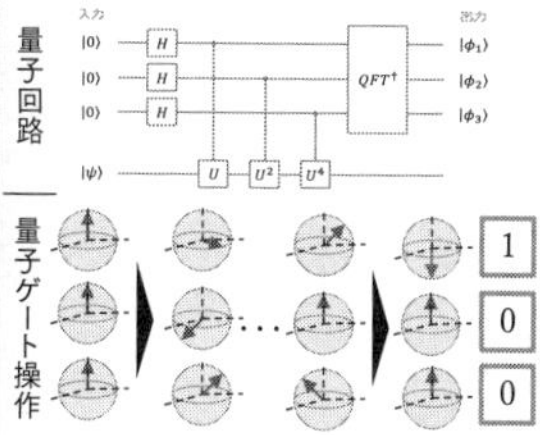

量子アニーリング方式: 磁場を印加し、時間をかけて弱めると、ハミルトニアンを最小化する解が返る

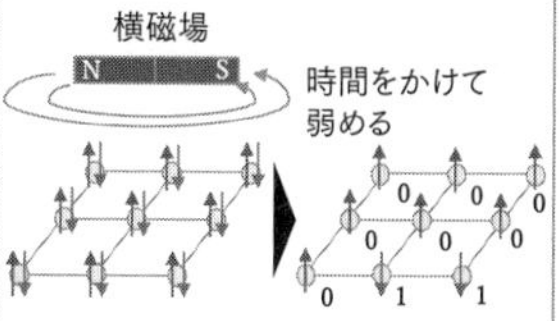

測定	計算結果の読み出し

一方を制御）します。最後に測定を行い、計算結果の0と1を得ます。

量子ゲート方式では、量子コンピュータの性能が古典コンピュータを上回るには、問題に対して適切な量子アルゴリズムの開発が必要となります。

量子アニーリング方式は、1998年に東京工業大学の門脇正史氏（現デンソー）と西森秀稔氏が提唱した原理により、高温にした金属をゆっくり冷やすと構造が安定する焼きなましの手法を応用して問題の解を求めます。

問題をイジングモデルまたはクーボ（QUBO）と呼ばれる統計力学のモデルに落とし込み、量子アニーリングマシンに各パラメータを入力（設定）します。そして、量子ゲート方式と同様に計算・測定として、量子ビットの初期化、量子的な操作、計算結果の読み出しを行います（図表1－3右）。

量子アニーリング方式では、垂直な方向に適当な大きさの磁場を与えることで0と1の重ね合わせ状態を作り、量子揺らぎ（磁場のでたらめな変化）を付加して徐々に揺らぎを減らすことで、安定なスピンの向きが確定します（エネルギーが最小となる組み合わせの結果を得ることができます）。

3　ハードウェアの仕組み

(1)　量子状態の実現方式をさまざまに研究

私たちが普段使っているノートパソコン、スマートフォンなどの古典コンピュータは、ノイマン型コンピュータというアーキテクチャを採用しています。人間の脳がさまざまな情報を処理し、思考や判断を行うのと同様に、コンピュータは命令文や処理手順、データをメモリに格納し、これを順番にCPUという演算装置（人間の脳に相当）に読み込み、計算をしていきます。

一方で、量子コンピュータは演算装置しかありません。これは量子コンピュータが古典コンピュータと異なり、量子ビットを観測すると量子状態が失われる、情報をコピーできない（量子複製不可能定理）などの量子特有の性質によって、古典コンピュータのアーキテクチャをそのまま転用することができないためです。

そのため、量子コンピュータは量子プロセッサ（相互に接続された多数の量子ビットを持つ物理［製造］チップ）と呼ばれる演算装置だけを持ち、それ以外のデータの入出力や計算

自然に存在する物理系を用いて量子ビットを実現		
イオントラップ	**光**	**中性原子**
イオンを真空中に閉じ込め、レーザー光を用いて計算	光子に情報を載せて光回路を作り計算	レーザー冷却を用いて中性原子の運動を制御し計算
真空	常温	真空
✓コヒーレンス時間(長) ✓量子ゲート忠実度(精度)が高い ✓全結合	✓ゲート操作時間(短) ✓環境ノイズを受けにくい	✓コヒーレンス時間(長) ✓拡張性
×ゲート操作時間(μs)	×光子損失によるノイズ	×ゲート操作時間(ns)
(米) アイオンキュー、クオンティニュアム (英) ユニバーサル・クオンタム、オックスフォード・アイオニック (独) エレクトロン (墺) アルパイン・クオンタム・テクノロジーズ	(米) プサイ・クオンタム (加) ザナドゥ (英) オーカ・コンピューティング (日) NTT	(米) キュエラ、アトム・コンピューティング (仏) パスカル

[注] コヒーレンス時間：量子性（量子重ね合わせ状態など）を保つ時間のこと
[注] 加：カナダ、芬：フィンランド、墺：オーストリア

結果の保存はすべて古典コンピュータを用います。量子コンピュータでは、量子プロセッサの量子ビットに、古典コンピュータからのマイクロ波を当て、重ね合わせ状態などの量子状態を変化（操作）させながら、計算を行います。

この量子状態を実現する方式はさまざまに研究されており、大きくは、自然な物理系を模範して人工的に量子ビットを実現する方式と、自然に存在する物理系を用いて量子ビットを実現する方式があります（図表1－4）。

前者の人工的な量子ビットの実

図表 1-4　量子コンピュータの実現方式

	人工的に量子ビットを実現	
	超伝導	半導体
原理	超伝導状態の電子回路に対して、マイクロ波等を用いて計算	半導体の薄膜に電子を閉じ込め、電子のスピンを0/1に対応させ計算
環境	極低温（mK）	極低温（K）
利点	✓集積化可能	✓集積化可能 ✓コヒーレンス時間(長) ✓既存半導体技術を応用可
欠点	×絶対零度付近まで冷却要 ×微細化に限界があり、ビット数増加につれて、読み出し用の配線が困難	×量子ビット制御が難しい
主なプレイヤー	（米）IBM、グーグル、リゲッティ、アマゾン （加）ディーウェーブ （仏）アリス＆ボブ （芬）アイキューエム （中）アリババ、バイドゥ、テンセント、本源量子 （日）富士通、NEC	（米）インテル （英）クオンタム・モーション （豪）シリコンQC （日）日立製作所

現方式の代表例としては、超伝導方式と半導体方式が挙げられ、後者の代表例はイオントラップ方式、光方式、中性原子方式が挙げられます。ほかにも、トポロジカル方式やダイヤモンド方式などのさまざまな方式がありますが、本書での説明は割愛します。

現時点で実装、開発が進むのは、超伝導方式、イオントラップ方式ですが、量子ビットの品質、冷却要否などが異なり、どの方式も一長一短です。そのため、現時点で、どれが本命か判断することはできません。

(2) 超伝導方式

超伝導方式は、超伝導という状態の電子回路に対して、マイクロ波などを用いて計算する手法です。超伝導とは、金属などをとても低い温度に冷やすと、電流の流れにくさを表す電気抵抗がゼロになる現象で、リニアモーターカーやＭＲＩ（磁気共鳴画像）などにも利用されています（図表１－５上）。超伝導状態の金属の中では、電子はまったく邪魔されることなく自由自在に動き回ることができるため、電子の量子の性質が壊れにくくなり、量子コンピュータに利用することができます。

超伝導状態の金属には、アルミニウムやニオブなどが用いられ、それによって作られた電子回路（超伝導回路）で、ジョセフソン結合という特殊な構造（数ナノメートル程度のきわめて薄い絶縁膜を2つの超伝導体で挟む構造）を作ります。通常の伝導による電子のジョセフソン接合の通過は許されませんが、電子の量子特有の性質（粒子と波の二重性）により、電子のジョセフソン接合通過が発生し、量子ビットが実現できます（図表１－５下）。

代表的な超伝導量子ビットには、トランズモン量子ビットと磁束量子ビットがあります。トランズモン量子ビットはコヒーレンス時間が長く（数十マイクロ秒）、量子ゲート方式を開発するＩＢＭやグーグル、理化学研究所などが用いており、433量子ビット（ＩＢＭ製）

図表 1-5　超伝導方式の概要

■超伝導とは？

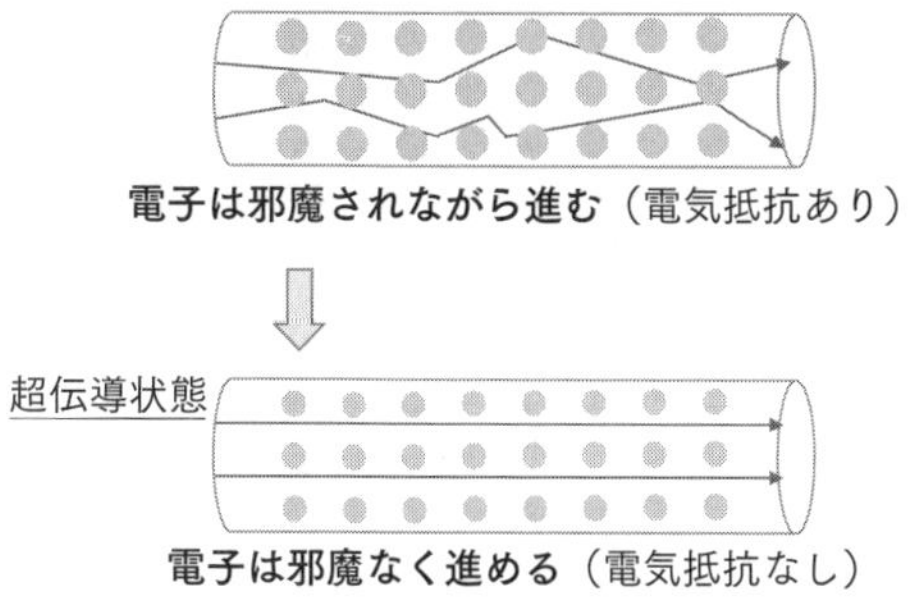

■超伝導方式の仕組み

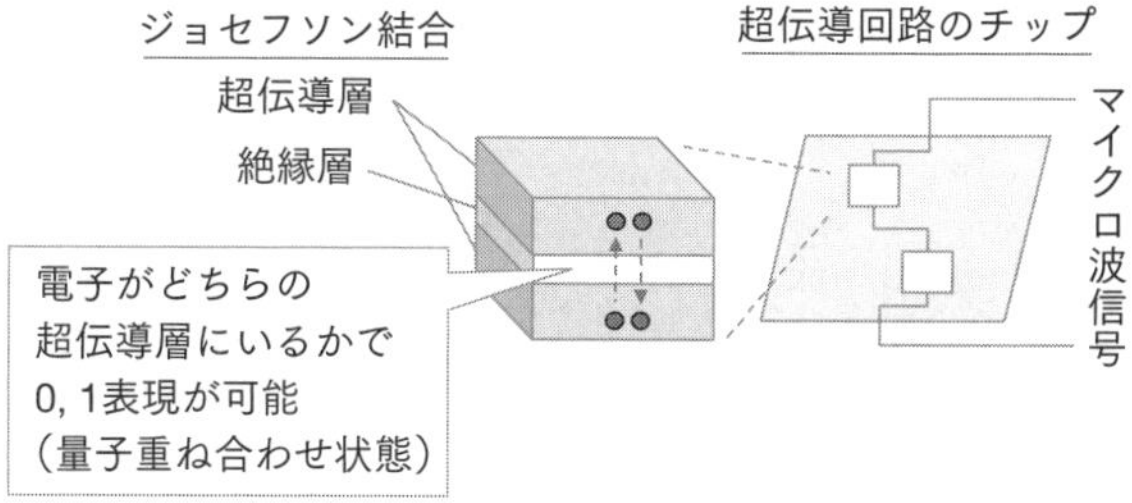

まで実現しています。

コヒーレンス時間とは量子コンピュータの性能を測る上で重要な指標の1つで、量子性（量子重ね合わせ状態など）を保つ時間のことです。コヒーレンス時間が短いと計算途中に量子状態が崩れてノイズが発生し、計算精度が低下するため、時間が長いほど性能が高いことになります。

一方、磁束量子ビットはトランズモン量子ビットに比べて、コヒーレンス時間が短い（数十ナノ秒）ですが、量子アニーリング方式を開発するディーウェーブが約5000量子ビットまで実現しています。

超伝導方式は、ほかの方式に比べて量子ビット数が多く、後述するイオントラップ方式に対して、演算の操作が比較的高速に行えるなどの利点があります。

しかし、熱ノイズによるエラーを抑制するために、液体ヘリウムなどでほぼ絶対零度（ミリケルビン［mK］単位）まで冷やす必要があり、希釈冷凍機という特殊な冷凍機が必要となります。ケルビン（K）とは分子の運動が止まる温度（絶対零度）を基準とした熱力学や物理学の単位で、私たちが日常で用いる摂氏とは273・15度の差があります（つまり、0Kはマイナス273・15度になります）。量子ビットが増えるにつれて、希釈冷凍機のサイズも大きくする必要があり、冷凍空間の拡大や冷凍能力の向上が課題となっています。

ＩＢＭやグーグル、米リゲッティ（Rigetti）、ディーウェーブなど、大手ＩＴ企業からスタートアップまで多くのプレイヤーが超伝導方式の量子コンピュータを開発しています。

(3)　半導体方式

半導体とは、電気を通す金属などの導体と電気をほとんど通さない天然ゴムなどの絶縁体との中間の性質（半分だけ電気を通す特異な性質）を持つシリコンなどの物質、材料のことです。半導体方式では、半導体の薄い膜を用いて、量子ドットという空間的に閉じ込められて移動方向が制限された電子を作ります。その電子のスピン（電子が持つ磁石の性質）を0と1に対応させて計算します。

この空間には、固体の結晶サイズが直径約20ナノメートル以下のナノ材料が適しており、超伝導回路と同様に、半導体素子（半導体を用いた電子部品の構成要素）を極低温（ケルビン［K］単位）に冷却する必要があります。1Kはマイナス272度なので、超伝導方式ほど冷却する必要はありません。

小さな磁石を用い、量子ドット上に不均一な磁場（電流を作り出す場）を形成し、量子ド

図表 1-6　半導体方式の概要

■半導体素子

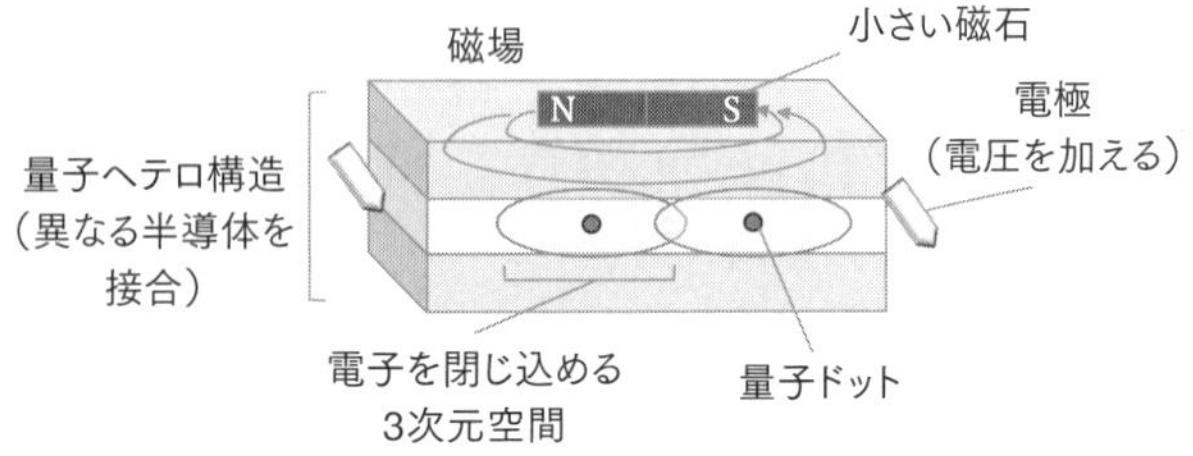

■大規模集積化

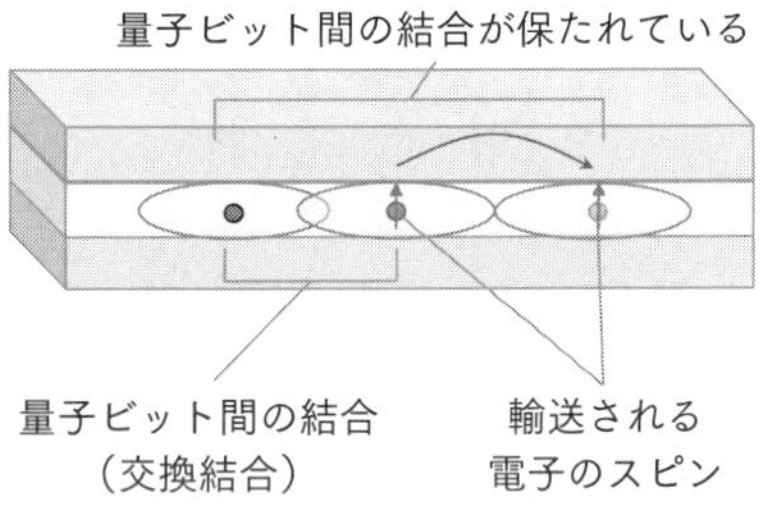

ットに電圧を加えることで、電子の位置を制御します（図表1－6上）。電子の位置を制御することで、電子のスピンにかかる磁場が間接的に制御でき、疑似的に周期的に変化する磁場を電子のスピンにかけることができます。これにより、電子のスピンの向きを制御し、演算を行うことができます。

半導体方式は、量子ビットのサイズが小さいことや、現在の半導体製造技術に似た製造方法を応用できることから、多数の素子を集積化し、大規模な演算ができると期待されています。さらに、大規模集積化に向けては、結合した量子ビットの片方の電子のスピンを物理的に輸送することで離れた量子ビット間を結合させる方法（図表1－6下）や、高密度に量子ビットを集積できるアーキテクチャ設計が検討されています。

一方で、半導体方式は超伝導方式などのほかの方式に比べ量子ビットの制御に時間がかかるため、量子状態の重ね合わせが解け、コヒーレンス（量子性）が失われる現象の影響を受けやすい点があります。そのため、量子ビットの精密な計算が難しいとされています。

インテル、日立製作所・理化学研究所などの共同研究グループなどが開発をしています。

(4)　イオントラップ方式

イオントラップ方式は、荷電粒子（イオンなど）を電磁力により空間的に閉じ込める手法です。環境中にある分子との相互作用を避けるため、真空中で動作させる必要があります。トラップ（捕捉）方法は2種類に大別され、電場と磁場を組み合わせたペニングトラップ、時間とともに変動する電場を用いてイオンをトラップするポールトラップという手法があります（図表1－7上）。なお、現在の量子情報の研究ではポールトラップが主に利用されています。

真空中にトラップされたイオン1個1個に対してレーザー冷却を行い、イオンをほぼ静止させます。その後、原子と光の量子状態の相互作用を引き起こすレーザー光を当て、イオンの量子状態を制御、操作します（図表1－7下）。最後に、イオンに読み出し専用の別のレーザー光を当て、イオンが光るか光らないか（光子が検出されるかどうか）で、量子ビットの測定を行います。

ほかの方式と比べて、コヒーレンス時間が長く、量子ゲート忠実度（量子ゲート操作の読み出しの精度）が高いのが特徴です。米アイオンキュー（IonQ）や米クオンティニュアム（Quantinuum）などが開発しています。

(5) 光方式

光方式は、光子という小さな光の粒子性（光子の有無）を量子ビットに用いる量子計算と、スクイーズド光（ある光を偶数倍の波長に変換することで、偶数個の光子がペアの光子流となって飛ぶ状態）という特殊な光により、多数の光子で量子ビットを表す量子計算の2種類があります（図表1－8）。

図表 1-7　イオントラップ方式の概要

■イオントラップとは？

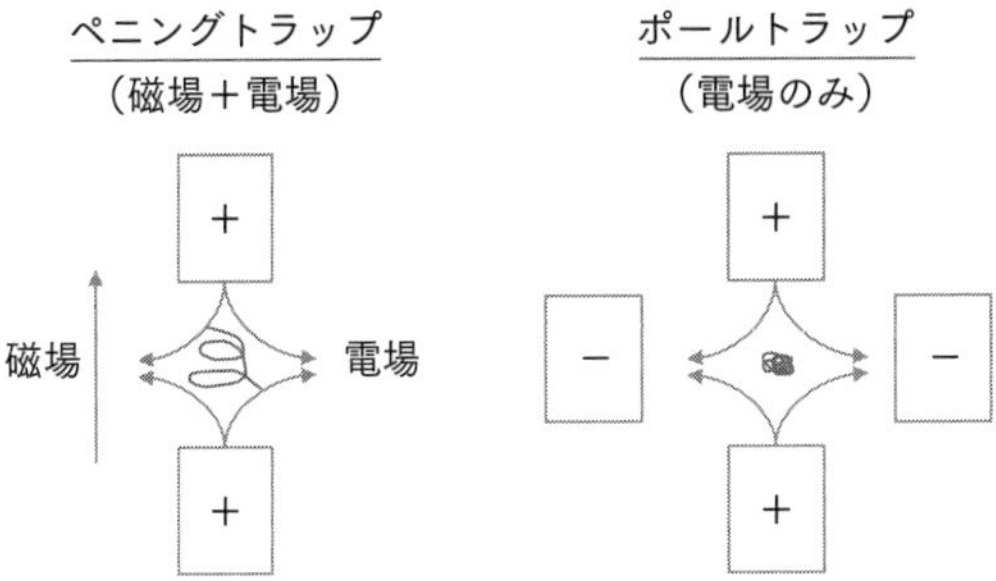

［出所］https://www.sqei.c.u-tokyo.ac.jp/qed/ をもとに著者作成

■イオントラップ方式の仕組み

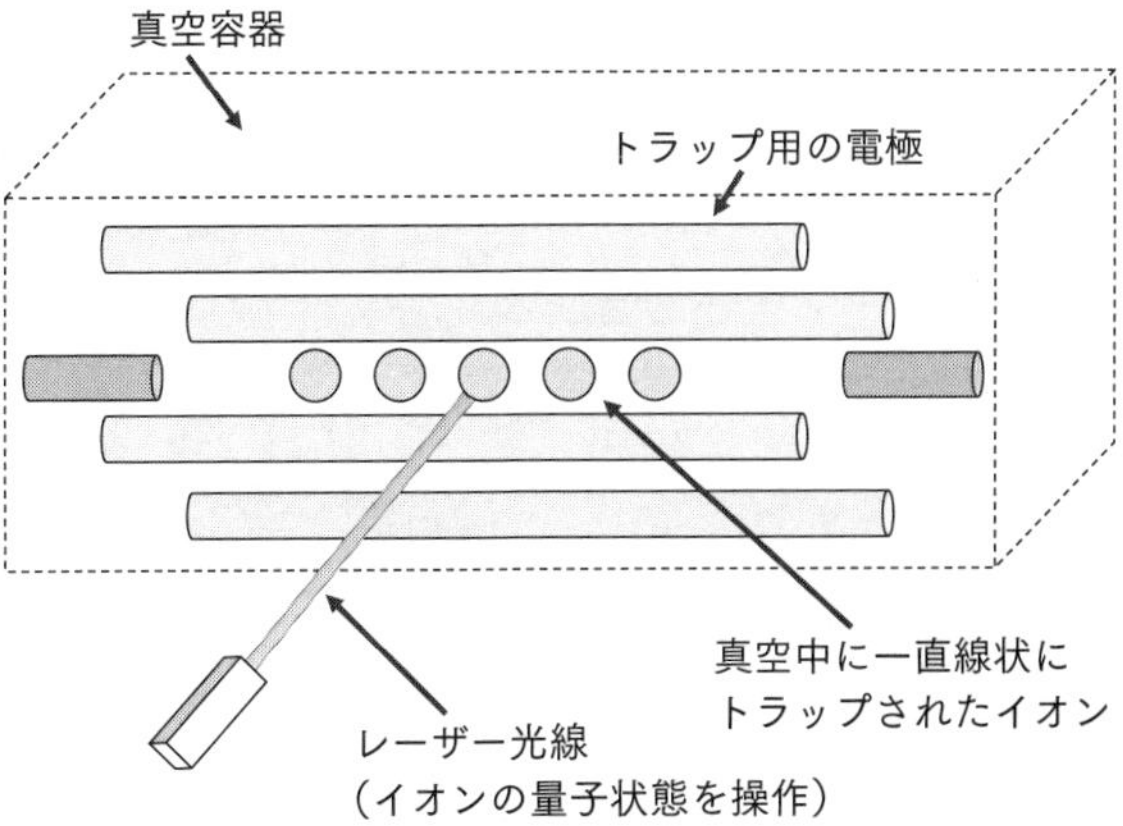

図表1-8　光方式の概要

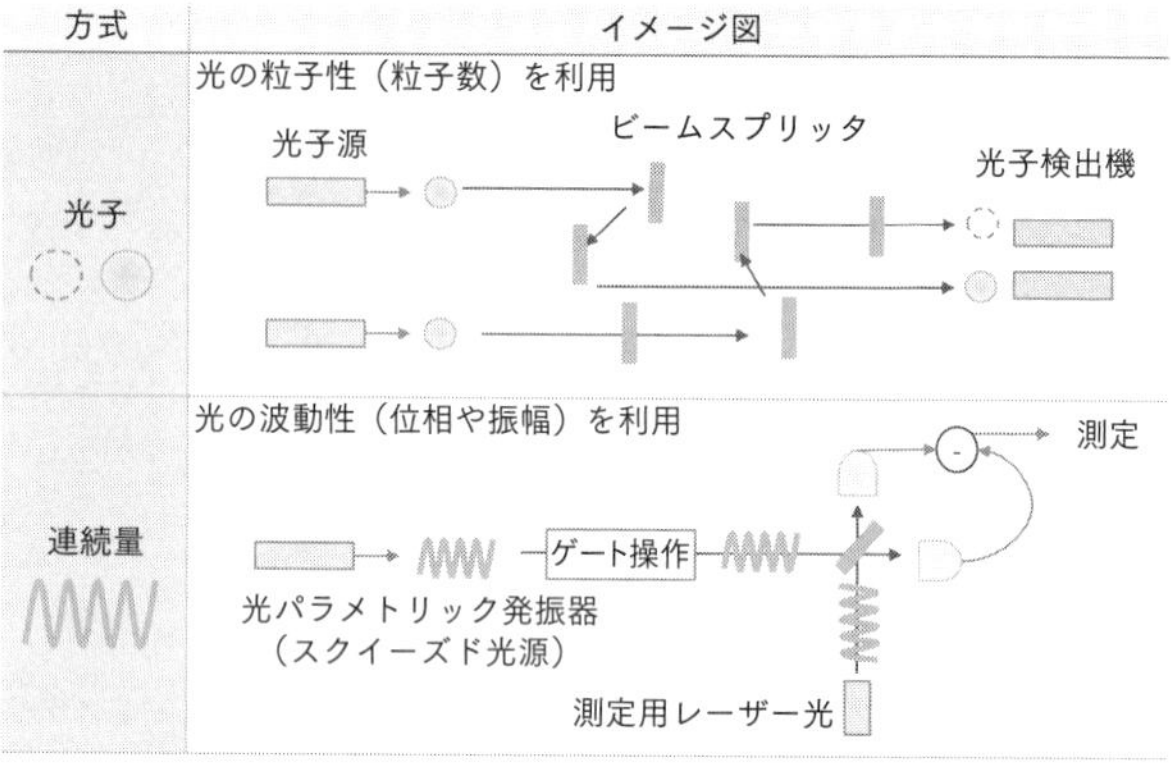

ほかの方式に比べ、ゲート演算時間が短い、常温で実現でき周囲の環境ノイズを受けにくいなど、操作性における利点が多いのが特徴です。

また、1つの光子で量子ビットを表すのではなく、スクイーズド光のように多数の光子で量子ビットを表すことで、光子数の偶奇性を用いた量子誤り訂正（測定された偶奇性が奇数の場合は光子ロスが起きたとみなし、光子を追加することで量子誤り訂正を行う）ができることが理論的に示されています。

また、窒化ケイ素やニオブ酸リチウムなど材質や構造を用いて、シリコン系の基板上に導波路（光の通り道）や光学デバイスを作り込み、光ファイバーと同様に、材質間の屈折率の差を利用して光を閉じ込める光集積回路の研究が進んでいます。米プサイ・クオンタム（PsiQuantum）、カナダのザナドゥ（Xanadu）、東京大学・NTT・理化学研究所の共同研究グループなどが開発しています。

(6) 中性原子方式

中性原子方式は、磁場の強さとレーザー光の振動方向を調節することで、中性原子を3次元的に閉じ込め（磁気光学トラップ）、レーザー光の圧力で中性原子気体を減速させて冷却、捕捉する（ドップラー冷却）手法です。冷却原子方式とも呼ばれます。

量子ビットの操作は、複数の光ピンセットを用いて整列された複数の原子にレーザーを照射します。光ピンセットとはレーザー光をレンズで収束させ、原子1個を捕まえる技術です。原子の電子原子核のすぐ近くを回っている電子を、リュードベリ軌道と呼ばれる数100ナノメートル以上の直径を持つエネルギーの高い電子軌道に移すことで、量子ビットを再現します（リュードベリ軌道における電子の有無によって0と1を表現する）（図表1−9）。

リュードベリ状態に励起（基底状態よりもエネルギーが高い状態）された原子では、基底状態よりも広い電子軌道を持つため、遠くまで届く強い電場が発生します。この電場により

図表 1-9　中性原子方式の概要

■中性原子方式の仕組み

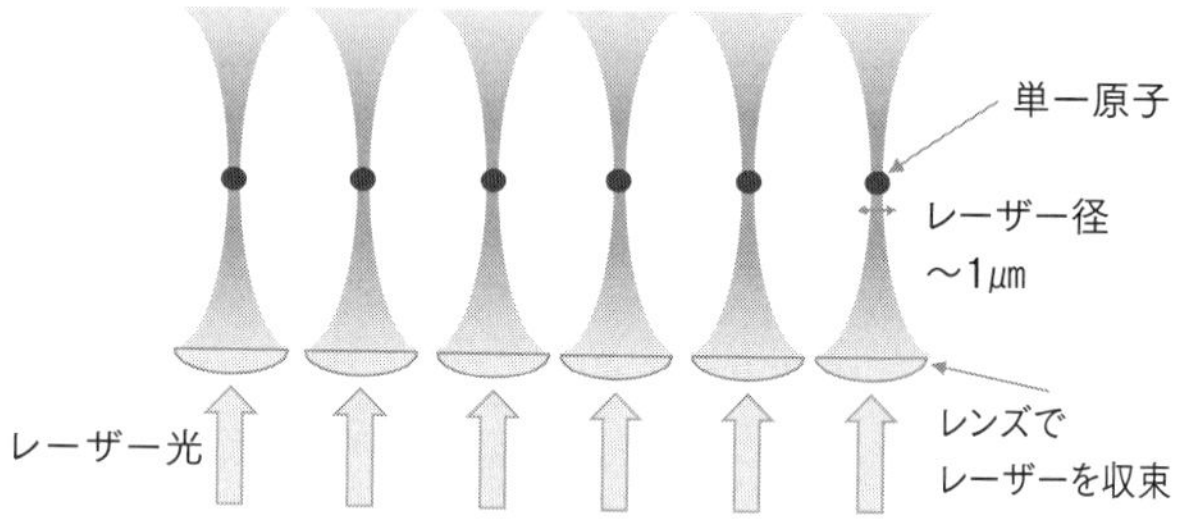

■リュードベリ原子

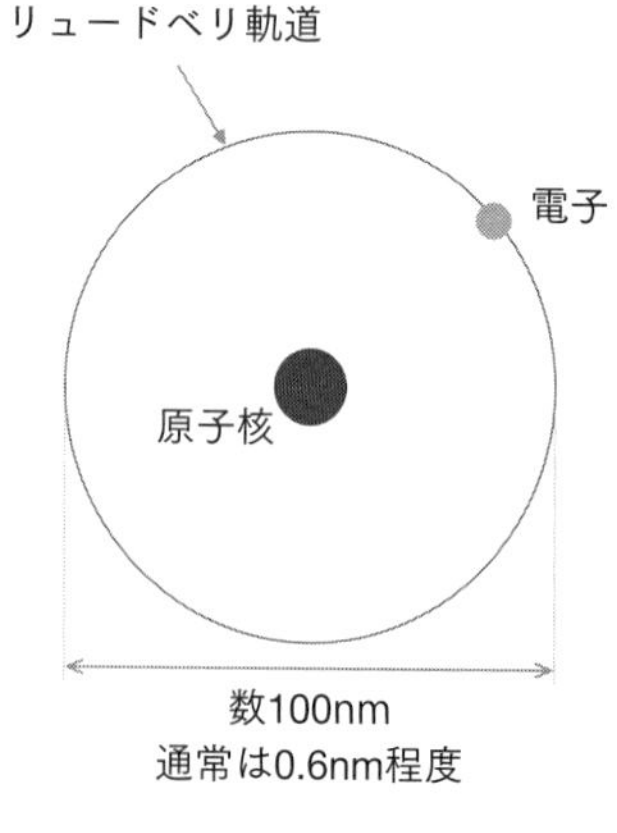

発生する原子同士の相互作用により、量子もつれを生成するなどして、より複雑な計算が可能になると期待されています。

一方で、この相互作用が強すぎるために、リュードベリ状態へ励起するために必要なエネルギー量が変化してしまい、複数原子を同時にレーザーで励起できない事象が発生することがあります。これを回避するためには、原子間の相互作用が十分小さくなる範囲まで離れることが必要です。

現時点で開発が先行している超伝導方式やイオントラップ方式と比べ、容易に大規模化が可能であり、冷却・トラップされた原子は周囲の環境によるノイズが少なく、ほかの原子とも独立しているのが特徴です。また、コヒーレンス時間が数秒と長い点において、次世代の量子コンピュータのハードウェアとして注目を集めています。

仏パスカル（Pasqal）、米キュエラ（QuEra）、米アトム・コンピューティング（Atom Computing）などが開発しています。

として実装された量子ビットのことで、本章で説明した量子ビットは厳密には物理量子ビットを指しています。一方で、「論理量子ビット」は、誤り訂正機能を持つ量子コンピュータにおける情報の最小単位です。論理量子ビット数は物理量子ビット数よりも大幅に少なくなりますので、量子コンピュータのハードウェアを量子ビット数の観点で比較するとき、物理・論理のどちらのビット数についての議論なのかを意識する必要があります。例えば、2023年2月にグーグルが発表した事例では、49個の物理量子ビットを使って1個の論理量子ビットを構成しています。

誤り訂正機能を持つ量子コンピュータでは、アプリケーション開発者は論理量子ビットを操作するプログラムを記述します。グーグルの例のように、量子コンピュータでは誤り耐性を高めるためには多数の冗長ビットが必要だと想定されています。そのため、論理量子ビットでアプリケーションを記述すると量子回路の規模が非常に大きくなり、現在の量子コンピュータでは動作できなくなります。さらに、論理量子ビットが増えるにつれて、誤りの検出と訂正に要する計算コストが増大します。このように、量子誤り訂正については、まだ多くの解決すべき課題が残っています。

COLUMN

誤り耐性を理解する4つの重要ワード

現在の量子コンピュータは誤り耐性が十分でないために、近年は誤り耐性に関する研究が活発です。今後は各種報道にて、その研究成果が続々と発表されると予想されるため、誤り耐性に関する報道発表を読み解く際に役立つ重要ワードを4つ（量子誤り訂正、量子誤り低減、物理量子ビット、論理量子ビット）紹介します。

「量子誤り訂正」は、どこかの量子ビットで誤りが発生した場合に、それを検出して正しい状態に復元することです。量子コンピュータに冗長な量子ビットを用意することで実現します。古典コンピュータでも冗長ビットを使った誤り訂正が行われています。

「量子誤り低減」は、量子ビットの観測結果に何らかの統計的な処理を加えることで、量子ビットの誤りが結果に与える影響を低減することです。冗長な量子回路を追加する方法や、事前に機械学習を使って誤りを補正するルールを学習しておく方法などがあります。量子誤り低減技術の中には、アイオンキュー（IonQ）のようにハードウェアやミドルウェア上で実装され、アプリケーション開発者が意識せずに利用できるものがあります。

「物理量子ビット」は、量子コンピュータ上にハードウェア

第2章

量子コンピュータを使う

1　クラウドプラットフォームとソフトウェア開発キット

(1)　さまざまなクラウドで公開されている量子コンピュータ

今日の量子コンピュータは、高度なハードウェア技術と特殊な環境（例えば、超伝導方式の場合は極低温の環境）が必要なため、一般ユーザが利用する際は通常、クラウド経由となります。最近では、大手クラウドベンダーが自社プラットフォーム上で複数の量子ハードウェアを提供しているため、ハードウェア開発ベンダーと個別に利用契約をする必要はありません。また、最も実装が進む超伝導方式だけでなく、他の方式の利用提供も出始めています。

量子コンピュータの実機をクラウドで初めて一般公開したのは２０１６年、米ＩＢＭです。同社の量子コンピュータは少量の量子ビットの利用であれば、誰でも無料で利用できますが、大きな量子ビット数を搭載した実機を利用したい場合には、ＩＢＭＱネットワークなどの個別契約が必要です。

クラウド世界最大手の米ＡＷＳ（Amazon Web Services）は、２０２０年８月から、量子クラウドプラットフォームのブラケット（Amazon Braket）を一般提供しています。ＡＷＳのアカウントを取得すれば、初期費用なしで誰でも利用ができ、ハードウェアごとの利用量に応じて料金を支払います。複数の量子ハードウェアを利用でき、超伝導方式の米リゲッティ、英オックスフォード・クオンタム・サーキッツ、イオントラップ方式の米アイオンキュー、中性原子方式の米キュエラにアクセスができます。

なお、超伝導方式のカナダのディーウェーブの量子アニーリングマシンは２０２２年11月18日以降、ブラケットではなく、ＡＷＳマーケットプレイス（ソフトウェアやサービスを検索・購入できる環境）経由での利用に変更されています。

また、ブラケット・ハイブリッドジョブというサービスを利用することで、量子古典ハイブリッドアルゴリズム（アルゴリズムの一部を量子コンピュータで計算し、得られた出力を古典コンピュータによって逐次調整するアルゴリズム）の実行が可能です。

クラウドシェア2位の米マイクロソフトは、２０２1年2月からアジュール・クオンタム（Azure Quantum）という量子クラウドプラットフォームをパブリックプレビュー公開しています（まだ一般公開はしておらず、一部の企業を対象とするプレビュー公開です）。アクセスできる量子ハードウェア実機は、超伝導方式の米リゲッティ、米クオンタム・サーキッツ、イオントラップ方式の米クオンティニュアム、米アイオンキュー、中性原子方式の仏パスカルとなります。

クラウドシェア3位の米グーグルは、AWSやマイクロソフトのように量子クラウドプラットフォームの提供は行っておらず、自社内の研究チームメンバーや共同研究者だけが同社が開発する超伝導方式の量子コンピュータにアクセスできます。なお、グーグル・クラウドのマーケットプレイスで、イオントラップ方式の米アイオンキューの量子ハードウェアにアクセスはできます。

大手クラウドベンダー以外では、米リゲッティ、米アイオンキュー、米クオンティニュアム、カナダのザナドゥ、ディーウェーブ、中国のアリババ、バイドゥ、本源量子、日本の理化学研究所など多くのIT企業やスタートアップ、研究機関が、自社の量子ハードウェアを自らのクラウドプラットフォームで提供しています。

(2) ソフトウェア開発キットの充実

第1章で量子コンピュータのハードウェア実現方式、前項でクラウドプラットフォームについて述べてきましたが、量子コンピュータが社会に広く実装されていくには、量子ソフトウェアの充実、ユースケースや問題の設定がとても重要となります。すでに多数のソフトウェア開発キット（SDK：Software Development Kit）が開発されており、そのほとんどは、プログラミング言語としてパイソン（Python）を採用しています（図表2－1）。

既存のクラウドプラットフォームとの親和性、利便性やライブラリ・チュートリアルの豊富さの観点から、代表的なソフトウェア開発キットとして、キスキット（Qiskit）、ブラケットSDK（Amazon Braket SDK）、サーク（Cirq）が挙げられます。

IBMが提供するキスキットは、幅広くさまざまな機能を備えることに加えて、ドキュメントとチュートリアルが豊富です。そのため、量子コンピューティングを学ぶのに最適なソフトウェア開発キットであり、すでに40万人以上が利用しています。キスキットのコミュニティの日本有志メンバーによる日本語版もあり、同社が無償公開している量子コンピュータ実機を用いて、日本語で手軽に学ぶことができます。

また、2021年3月には、キスキットを用いた量子コーディングのスキルレベルを認定する業界初の開発者認定資格をスタートさせています。今後は、最適化、化学、金融などに関連する認定資格を展開予定です。

AWSが提供するブラケットSDKは、量子ハードウェアに依存しない開発者向けフレー

図表 2-1　主なソフトウェア開発キット（SDK）一覧

SDK	開発企業	主なPG言語	主な特徴
Braket	AWS	Python	AWSサービスとシームレスな連携が可能。量子古典ハイブリッドアルゴリズムの計算機能を提供
Cirq	Google	Python	TensorFlowを使って量子機械学習をするためのライブラリ「TensorFlow Quantum」を提供
D-Wave Ocean	D-Wave	Python	D-Wave量子アニーリングマシンや量子古典ハイブリッド型で最適化問題を解けるサービスを提供
Fixstars Amplify	Fixstars	Python	D-Wave量子アニーリングマシンや擬似量子アニーリングマシンの利用が可能
Orquestra	Zapata AI	Python	ワークフローベースで量子アプリケーションを開発可能。Rigetti量子クラウドサービスと直接統合
PennyLane	Xanadu	Python	Kerasをベースとした量子機械学習に特化したライブラリを提供
Qamuy Client	QunaSys	Python	産業上重要な量子化学計算を行うための最先端のアルゴリズムが多数実装
Qiskit	IBM	Python	チュートリアルが充実しており、初心者にもおすすめ
QKD	Microsoft	Q#	量子化学計算や量子機械学習を行うためのライブラリを提供
Strawbery Fields	Xanadu	Python	フォトニクスアルゴリズムをシミュレートするための量子アルゴリズムのツールを提供
TKET	Quantinuum	Python	量子デバイスに応じた量子回路の最適化、量子誤り低減のパッケージを搭載
1QBit	1QBit	Python	最適化、シミュレーション、機械学習などのさまざまな分野で利用実績あり

ムワークとして、さまざまな量子ハードウェアまたは回路シミュレータで量子アルゴリズムの構築・実行が可能です。キスキットなどのソフトウェア開発キットのプラグイン（ソフトウェアの機能を拡張するために追加できるプログラム）が提供されており、例えば、キスキットの既存のアルゴリズムをブラケットで実行できます。これにより、利用者は既存のアルゴリズムを利用して、さまざまな量子ハードウェアを試すことができます。

ほかにも、カナダのサナドゥの量子機械学習用のソフトウェア開発キットであるペニーレーン（PennyLane）をサポートしており、量子古典ハイブリットアルゴリズムの実行ができます。

グーグルが提供するサークでは、同社が開発したオープンソースの機械学習フレームワークであるテンサーフロー（TensorFlow）と組み合わせたテンサーフロー・クオンタムを用いて、量子古典ハイブリッドの量子機械学習ライブラリの利用ができます。

2　代表的な量子アルゴリズム

(1)　大きく2種類に分かれる

量子ゲート方式は、汎用的に計算ができる方式です。しかし、欲しい答えを高い確率で得るためには量子コンピュータ専用に設計されたアルゴリズム（量子アルゴリズム）が必要となります。

量子アルゴリズムは2種類に大別され、量子誤り耐性あり量子コンピュータ（FTQC）で動作するFTQCアルゴリズムと、ノイズありの小中規模量子コンピュータ（NISQ）で動作するNISQアルゴリズムに分類されます。

FTQCアルゴリズムは、量子加速と呼ばれる、理論的に古典コンピュータよりも計算が加速することが証明されています。しかし、計算の誤り率の問題（1ゲート操作あたりの誤り率が高い）などから、現在の量子コンピュータでは動かすことができません。そのため、誤り訂正がなく古典コンピュータの助けを借りながら情報処理を行うNISQデバイスで、実ビジネス上、有用となるNISQアルゴリズムの提案、研究開発が行われています。現段階では、NISQアルゴリズムにおける量子加速の存在は証明・実証されていません。

量子アルゴリズムの一覧は、量子アルゴリズム・ズー（Quantum Algorithm Zoo）というウェブサイトにまとめられており、約400個の量子アルゴリズムが掲載されています（執筆時点）。すべての量子アルゴリズムを解説することはできませんので、本書では代表的な量子アルゴリズムをご紹介します（図表2−2）。

FTQCアルゴリズムには、1994年に登場した量子フーリエ変換（QFT）の計算の高速性を活用したアルゴリズム群と、1996年に登場したグローバー（Grover）のアルゴリズムの高速性を活用したアルゴリズム群の2系統があります。

前者は、量子フーリエ変換（QFT）をもとに、ショア（Shor）のアルゴリズム、量子位相推定（QPE）、HHLアルゴリズム（Harrow-Hassidim-Lloyd）が開発されました。後者は、グローバー（Grover）のアルゴリズムをもとに、量子振幅増幅（QAA）、量子振幅推定（QAE）が開発されています。なお、量子振幅推定（QAE）は、量子位相推定（QPE）と量子振幅増幅（QAA）の両方の要素を含むアルゴリズムです。

NISQアルゴリズムでは、2014年から変分量子アルゴリズムという量子古典ハイブリッドアルゴリズムの研究が進みました。変分量子アルゴリズムでは、量子計算部分を短く

図表 2-2　代表的な量子アルゴリズム一覧

名称（英字略称）	概要	主な用途	主な課題／現状		量子加速
〈FTQCアルゴリズム〉					
QFT	離散フーリエ変換を量子コンピュータ上で実施する	（Shor、QPEのサブルーチン）	【根本原因】誤り率の高さ	量子ビット数の増加でゲート数が増加	指数
Shor	多項式時間で整数を因数分解する	素因数分解		同上（QFT利用のため）	指数
QPE	ユニタリ行列の固有値を求める	（QAEのサブルーチン）		同上（QFT利用のため）	指数
Grover	探索したい対象の振幅を高めることで、データを探索する	データ探索		データ数の増加で回路が深くなる	2次
QAA	所望の確率振幅を増幅し、測定で得られる確率を高くする	（QAEのサブルーチン）		同上	2次
QAE	所望の量子状態の振幅を効率的に推定する	モンテカルロ法		QAA、QPE利用のため同課題あり	2次
HHL	疎行列の連立1次方程式を高速に解く	信号処理や機械学習		QPE利用のため同課題あり	指数
〈NISQアルゴリズム〉					
VQE	変分原理にもとづいて最小固有ベクトルを探索する	分子の基底状態の探索	十分な回路の深さ、低い誤り率が必要		不明
QAOA	組み合わせ最適化問題を解く	組み合わせ最適化	解の品質や速度面での優位性が不明		不明
QSVM	機械学習手法のSVMを量子コンピュータに応用する	教師あり機械学習	実用的な優位性が示せていない		－
QGAN	生成モデルのGANの考え方を量子コンピュータに応用する	データ生成・増幅	高次元なデータの生成ができない		－

して誤りの発生を抑え、古典コンピュータで最適化を繰り返しながら計算を行います。代表例として、変分量子固有値ソルバー（VQE）と、その一種である量子近似最適化アルゴリズム（QAOA）があります。

加えて、近年ではデータを量子ビットで表現して機械学習を行う量子機械学習と呼ばれる領域の研究が進んでいます。代表例として、量子サポート・ベクター・マシン（QSVM）や量子敵対的生成ネットワーク（QGAN）といった量子アルゴリズムが開発されています。

ここからは、技術理解の深耕として、各アルゴリズムの概要と特徴を解説します。

※凡例：名称（英称、発表年）

(2)　量子フーリエ変換（QFT: Quantum Fourier Transform、1994年）

離散フーリエ変換を量子コンピュータ上で実施するためのアルゴリズムであり、古典コンピュータよりも高速に計算が行えます。

フーリエ変換は、ある現象を別の視点で表現するための変換で、信号処理や画像処理などさまざまな分野で活用されています。離散フーリエ変換では、対象がアナログ（非周期）信号ではなく、デジタル信号となります。

量子フーリエ変換は入力の状態を用意する難しさや測定にかかるコストから、汎用的にフーリエ変換の代わりに用いることは難しく、基本的には量子アルゴリズムのサブルーチンとして用いられます。量子ビット数の増加に応じて、量子回路が非常に深くなること（実行できる計算のステップ数）、精緻な量子ゲート操作が必要（微小角の回転ゲートの実装）などから、現在のＮＩＳＱデバイスでの実行は難しいとされています。

(3) ショアのアルゴリズム（Shor、1994年）

理論計算機科学者で数学者のピーター・ショアが考案した素因数分解を古典コンピュータよりも高速に実行できるアルゴリズムです。正確には整数を因数分解するためのアルゴリズムで、因数分解の手順のうち位数発見問題を解く際に量子コンピュータを用います。

素因数分解は中学数学で習いますが、正の整数（自然数）を素数（1とその数自身以外に約数がない正の整数。2、3、5、7、11など）の掛け算で表すことです。例えば、10の素因数分解は2×5です。素因数分解は一見簡単そうですが、桁数が増えると膨大な計算量を要します。現在知られているベストなアルゴリズムでも準指数時間がかかり、現実的な時間で解くことができません。

この非常に大きな数での素因数分解の計算困難性を安全性の根拠にしているのが現代の暗号方式です。現在の暗号方式の標準であるRSA暗号（鍵に使う整数の桁数617桁＝鍵長2048ビット）の場合、現在の最高性能のスーパーコンピュータを用いても総当たり攻撃で解読するには1億年以上かかるとされています。

ショアのアルゴリズムはRSA暗号などが現実的な時間で解ける可能性があるとして、防衛、金融などの分野を中心に世界的に注目されています。しかし、ショアのアルゴリズムは計算の内部で逆量子フーリエ変換を利用しており、現在のNISQデバイスでの計算は困難です。そのため2023年現在では、15や21くらいの大きさの整数の素因数分解が限界とされます。

(4)　量子位相推定（QPE: Quantum Phase Estimation、1995年）

数学や量子力学などの物理学、工学の信号処理、画像処理などに用いる線形代数学で、特別な性質を持つユニタリ行列の固有値（行列に関する重要な特徴の1つ。特に量子力学ではエネルギーと深い関係がある）を求めるアルゴリズムです。

このアルゴリズムが単体で役に立つことはあまりありません。しかし、多くの量子アルゴリズムにおいて、サブルーチンとして活用されている重要なアルゴリズムです。なお、アルゴリズムの内部では、逆量子フーリエ変換を用いており、現在のＮＩＳＱデバイスでの実行は難しくなっています。

(5) グローバーのアルゴリズム（Grover、1996年）

整理されていないデータの中から、特定の条件に合致するデータを探索するためのアルゴリズムです。データセットの中から、探索したいデータがサンプリングされる確率を高めるような操作を実行することで、目的のデータを探索します。

このアルゴリズムは確率的アルゴリズムであり、多くの場合、目的のデータ以外のデータが出現する確率は0にはなりません。データ数Ｎに対し、計算量O（オーダー）($\sqrt{N}$)の時間で探索できるため、古典コンピュータにおける線形探索（全探索）よりも高速に探索が可能となります。例えば、データ数Ｎ＝1億の場合、古典コンピュータで単純に線形探索すれば、1億回の探索が必要です。一方で、グローバーのアルゴリズムの場合は、1万回($\sqrt{1億}$)で探索ができます。

データ数の増加に応じて、必要な量子ゲート操作（厳密には振幅増幅の操作）の数が増え、量子回路が非常に深くなるため、ＮＩＳＱデバイスでの実行は難しいとされています。

(6) 量子振幅増幅（QAA: Quantum Amplitude Amplification、1997年）

特定の量子状態の振幅（確率）を増幅させるアルゴリズムです。グローバーのアルゴリズムにおける振幅増幅の操作をより一般化したアルゴリズムであり、任意の状態から目的の状態の振幅を増幅させることができます。

グローバーと同様に、探索に使える可能性があるほか、量子振幅推定（ＱＡＥ）などのアルゴリズムのサブルーチンとして利用されます。増幅を繰り返す必要があるため、量子回路が深くなりやすく、現在のＮＩＳＱデバイスでの実行は困難です。

(7) 量子振幅推定（QAE: Quantum Amplitude Estimation、2000年）

特定の量子状態の振幅（確率）を求めるアルゴリズムです。通常、量子回路に対して測定を繰り返すことで、確率を推定することが可能です。量子振幅推定（ＱＡＥ）では、この確率をより高い精度で推定できます。金融分野では、これをモンテカルロ・シミュレーション

（モンテカルロ法）へ活用することが期待されており、期待値計算の高速化ができるとされています。

量子振幅推定（QAE）の内部では量子位相推定（QPE）が用いられており、このアルゴリズムを実行する量子回路は巨大になります。そのため、NISQデバイスでの活用は難しいとされています。NISQデバイスでの活用に向けては、MLQAE、Iterative QAEなど、量子位相推定（QPE）を用いないような手法もいくつか提案されています。

(8) HHLアルゴリズム（Harrow-Hassidim-Lloyd、2009年）

係数行列が疎の場合（要素の多くが0の行列）、理論上、連立1次方程式を古典コンピュータよりも高速に解くことができるアルゴリズムです。連立1次方程式は、非常に基本的な計算の一種であり、信号処理や機械学習などにも活用されています。

量子位相推定（QPE）などの複雑な計算を内部に含んでおり、現在のNISQデバイスでの計算は困難です。加えて、一般に、与えられた問題を量子コンピュータ上に入力することやHHLで得られた計算結果を読み出すことには計算量O（オーダー）(N)の時間がかかり、量子加速を打ち消してしまう点は実用上、留意が必要です。

(9) 変分量子固有値ソルバー（VQE: Variational Quantum Eigensolver、2014年）

物質科学や量子化学分野での活用が期待されているアルゴリズムです。線形代数学において特別な性質を持つエルミート行列の最小固有値と、対応する固有ベクトルの近似解を求めることができます。古典コンピュータと組み合わせて計算を行う量子古典ハイブリッドアルゴリズムの一種であり、NISQデバイスでの活用が期待されています。

実験的には比較的小さい系であっても、実際の原子・分子などの基底状態（エネルギーが最も低く安定した状態）にたどり着かないといった結果が報告されています。また、パラメータ付き回路の設計方法の検討、十分な量子回路の深さと、それに耐えうる低い誤り率が必要とされています。

(10) 量子近似最適化アルゴリズム（QAOA: Quantum Approximate Optimization Algorithm、2014年）

組み合わせ最適化問題に対する量子ゲート方式を用いた近似最適化アルゴリズムの一種です。変分量子固有値ソルバー（VQE）の一種とみなされることもあります。

組み合わせ最適化問題を、ハミルトニアン（系全体のエネルギーを表す関数）の最小固有値問題に対応づけて変換し、変分量子固有値ソルバー（ＶＱＥ）と同様の手順で計算を行います。シフトスケジューリング、経路探索など、組み合わせ最適化問題の形に帰着できる多くの問題へ活用できる可能性があります。

現時点では、古典コンピュータの近似最適化アルゴリズムと比較した際の、解の品質や速度面での優位性についてはわかっていません。

⑾　量子サポート・ベクター・マシン（QSVM: Quantum Support Vector Machine、２０１８年）

分類タスクなどで多く利用される機械学習手法の一種「サポート・ベクター・マシン（ＳＶＭ）」のカーネル行列を量子計算によって求めるアルゴリズムです。

機械学習におけるカーネル（核）の目的は、データを高次元の空間に埋め込むことで、分類をより容易にすることです。量子状態が持つ指数関数的に大きな空間にデータを埋め込むことで、古典コンピュータでは不可能な高次元空間において分類を行います。

現時点では、量子サポート・ベクター・マシン（ＱＶＳＭ）でなければうまく分類ができないような実用的なケースが発見できておらず、実用的な優位性が示せていません。

⑿　量子敵対的生成ネットワーク（QGAN: Quantum Generative Adversarial Networks、２０１９年）

生成モデルの一種である敵対的生成ネットワーク（GAN）における生成器、もしくは生成器と識別機の双方のニューラルネットワークを、パラメータ付きの量子回路に置き換えたものです。パラメータ更新部分の計算には古典コンピュータを用います。

生成器を量子回路で構成することで、量子状態が持つ指数関数的に高次元な空間からサンプリングできるため、画像などの高次元データの生成に有利な可能性があります。

現在のNISQデバイスの量子ビット数はまだ少なく、現時点では高次元なデータの生成を行うことができません。

COLUMN

量子コンピュータを体験しよう！

本章で紹介しているように、量子コンピュータはいつでも誰でも使うことができます。

量子ゲート方式の実機を最も手軽に使い始められるサービスは、IBMクオンタム（https://quantum-computing.ibm.com/）というクラウドサービスです。このサービスでは、ユーザー登録するだけで誰でも無料でIBMの7（物理）量子ビットの実機を使うことができます（執筆時点）。本サービスはツールが充実していて、プログラムを記述しなくても、Webブラウザ上で量子回路を視覚的に作図するなど、すべての操作を行うことができます。ただし、無料で利用できる実機が限定されているため、実機で量子回路の実行指示を行った後、実際に実行されるまで数時間程度の待ち時間が発生します。

量子アニーリング方式の実機を使えるサービスには、ディーウェーブリープがあります。このサービスはわずかな時間ですが、無料でカナダのディーウェーブの実機を利用できます。ただし、プログラミングの知識が必要です。

参考情報として、オンプレミス（自社保有）のサービスも紹介します。英オックスフォード・クオンタム・サーキッツは米エクイニクスのデータセンターに実機を設置する商用サービスを始めています。このサービスは日本国内も対象になっています。そのほか、米キュエラの256量子ビット機や、フィンランドのIQM（56量子ビット機）などがオンプレミスでの実機アクセスを提供しています。

第3章

量子コンピュータに取り組む企業の動き

1　どのようなプレーヤーがいるのか

量子コンピュータを開発する企業は、大企業からスタートアップまで数多く存在します（図表3―1）。資金力や人材が豊富なIBMやグーグル、アマゾン、マイクロソフトのような大手IT企業は、量子コンピュータのハードウェア開発からソフトウェア開発、サービス提供まで取り組んでいます。中でも、IBMとグーグルは、世界初の商用量子コンピュータの開発（2019年にIBM）、世界初の量子超越性の発表（2019年にグーグル）など、大手IT企業の先頭を切って取り組んでいます。

しかし、近年では、アマゾンやマイクロソフトのような大手クラウド企業も量子コンピューティングサービスの提供を開始し、国内においても、2023年度内に富士通が量子コンピュータを開発・公開予定など、群雄割拠の様相を呈しています。本節では、大手IT企業の量子コンピュータの取り組みを紹介します（次節でスタートアップを紹介）。

※〈凡例〉会社名［本拠地、設立年］

(1)　米国の企業

IBM［アーモンク、1911年］

超伝導方式の量子ゲートマシンのハードウェア開発、ソフトウェア開発キットのキスキット（Qiskit）の開発などを行っています。

量子プロセッサ（Osprey）は、現在、世界で最も多くの433量子ビットを搭載しています（補足ですが、同社の量子プロセッサの名前には鳥の名をつけるのが通例となっています）。2020年にロードマップを発表し、2022年には新ロードマップを示しました。2023年はOspreyの進化版で1121量子ビットを備える量子プロセッサ（Condor）に加えて、今後、量子ビット数を最大数十万ビットに拡大するために新たに再設計された量子プロセッサ（Heron）を発表予定です。

133量子ビットを備えるHeronは、モジュール的な考えが導入されており、複数のプロセッサ間をリアルタイムの古典通信で接続して、1つのプロセッサを作り出します。このモジュール化された3つのプロセッサを並べて、プロセッサ間を非常に短い配線で接続することで、2024年に408量子ビット（Crossbill）、2025年に4158量子ビット以

ソフトウェア

北米

QCウェア(米)

ザパタAI(米)

サンドボックスAQ(米)

ストレンジワークス(米)

キュービット・エンジニアリング(米)

キューシミュレート(米)

ワンキュービット(加)

プロテイン・キュア(加)

欧州

リバーレーン(英)　ラーコ(英)

フェーズクラフト(英)

エイチ・キュー・エス(独)

クオントファイ(仏)

キュービット・ファーマシューティカル(仏)

パリティQC(墺)　マルチバース(西)

テラ・クオンタム(瑞)

アジア・オセアニア

ブルーキャット(日)　キュナシス(日)

フィックスターズ(日)　ジェイアイジェイ(日)

クオンマティク(日)

クラシック(以)　ケドマ(以)

Qコントロール(豪)

ホライズン・クオンタム・コンピューティング(星)

量子クラウドサービス

北米

アマゾン(米)

マイクロソフト(米)

グーグル(米)

IBM(米)

ファーウェイ(中)

アジア・オセアニア

富士通(日)

日本電気(日)

日立製作所(日)

東芝(日)

量子インスパイア

北米

エヌビディア(米)

欧州

アトス(仏)

[注] 加：カナダ、蘭：オランダ、芬：フィンランド、
諾：ノルウェー、墺：オーストリア、瑞：スイス、
西：スペイン、星：シンガポール、以：イスラエル

図表 3-1　量子コンピューティング業界のプレイヤー俯瞰

ハードウェア

北米

超伝導

IBM(米)　グーグル(米)
アマゾン(米)　リゲッティ(米)
シーク(米)　ブレキシモ(米)
ディーウェーブ(加)

半導体

インテル(米)
イークワル・ワン(米)

イオントラップ

アイオンキュー(米)
クオンティニュアム(米)

光

プサイ・クオンタム(米)
クオンタム・コンピューティング(米)
ザナドゥ(加)

中性原子

キュエラ(米)
アトム・コンピューティング(米)

トポロジカル

マイクロソフト(米)

欧州

超伝導

オックスフォード・クオンタム・サーキッツ(英)
クオントウェア(蘭)　アリス＆ボブ(仏)
アイキューエム(芬)

イオントラップ

ユニバーサル・クオンタム(英)
オックスフォード・アイオニック(英)
エレクトロン(独)
アルパイン・クオンタム・テクノロジーズ(墺)

光

オーカ・コンピューティング(英)
クイックス・クオンタム(蘭)
NQCG(諾)

半導体

クオンタム・モーション(英)

中性原子

パスカル(仏)

アジア・オセアニア

超伝導

富士通(日)　日本電気(日)
アリババ(中)
バイドゥ(中)　テンセント(中)
本源量子(中)

半導体

日立製作所(日)
シリコンQC(豪)

光

NTT(日)
チューリングQ(中)

ダイヤモンド

富士通(日)　クオンタム・ブリリアンス(豪)

超冷却技術

オックスフォード・インストゥルメンツ(英)
ブルーフォース(芬)

制御機器

キーサイト・テクノロジー(米)
キューブロックス(蘭)　キュエル(日)

上（Kookaburra）、2026年以降は数十万量子ビットにスケールを拡大させる予定です。

また、2019年に、量子ボリューム（QV）という同社独自の性能指標を提唱しています。量子ボリュームは、量子ビットの数だけでなく質にも着眼し、量子ビットの制御・読み出しにかかわる誤り、デバイス間の接続性やクロストーク（量子ビット間のノイズ）、ソフトウェアのコンパイラ効率なども考慮した量子システム全体のパフォーマンスを定量化した指標になります。この値が大きいほど量子コンピュータの性能が高いことを示しており、同社はこの量子ボリュームを年々倍増させる計画です。

エコシステム形成にも力を注ぎ、2017年から、IBMQネットワークと呼ばれる、世界から210を超える企業、研究所、研究施設、スタートアップが参画するコミュニティを形成しています。参画する組織の業種は、化学、材料、金融、自動車、航空、エネルギー、エレクトロニクスなど多岐にわたります。参画することで、同社の最新鋭の量子コンピュータ実機へのアクセス、同社の専門家によるビジネスプランの検討支援や、最先端の大学・研究機関の研究者との共同研究などが可能となります。すでに、量子科学サイエンスにおいて675本以上の論文が発表されています。日本では慶應義塾大学がIBMQネットワークのハブ拠点として、活動しています。

グーグル［マウンテンビュー、1998年］

超伝導方式の量子ゲートマシンのハードウェア開発、ソフトウェア開発キットのサーク（Cirq）の開発を行っています。

2014年に、米カリフォルニア大学サンタバーバラ校のジョン・マルティネス教授のチームと提携し、超伝導方式の量子ハードウェア開発に参入しました。超伝導方式は1999年に当時、日本電気（NEC）の研究所にいた中村泰信氏、蔡兆申（ツァイ・ツァオシュン）氏が世界で初めて超伝導量子ビット1量子ビットを実現したものですが、1量子ビットや2量子ビットからなかなかビット数が増えない時期が続きました。

そのような中、ジョン・マルティネス教授は5量子ビットの超伝導回路を開発し、量子ビットを高い精度で制御することに成功しました。量子ビットの誤り率が低下して大規模化への目処がついたことで、参入を決定したとも言われます。その後、順調に量子ビットを増やし、2019年には世界で初めて量子超越性を発表し、世界中の注目を浴びました。

2021年5月に量子コンピュータの開発ロードマップを公表しています。米カリフォルニア州サンタバーバラに量子AIキャンパスという拠点を新設し、2029年までに100万の物理量子ビットを搭載した量子誤り耐性あり量子コンピュータ（FTQC）を開発する予定です。現在は、複数の物理量子ビットを束ねて量子計算の誤りを訂正する論理量子ビットの実現に向けた実証を進めており、2023年には論理量子ビットのプロトタイプ製作に関する成果を発表しました。

アマゾン［シアトル、1994年］

クラウドサービスを展開する同社の子会社AWSが量子コンピュータ事業を展開しています。アマゾン・ブラケットという量子クラウドサービスの提供、量子コンピュータの研究開発を行っています。

2021年に、米国カリフォルニア工科大学のキャンパス内に、AWS量子コンピューティングセンターを開設し、同大学やシカゴ大学、メリーランド大学などの研究者と連携して、超伝導方式の大規模な量子誤り耐性あり量子コンピュータ（FTQC）の開発に取り組んでいます。また、より優れた量子ビットの開発のため、ノイズを低減する材料の改善に投資するなど、物理レベルでの誤り率の改善、量子誤りを訂正する論理量子ビットの開発を進めています。

マイクロソフト［レドモンド、1975年］

アジュール・クオンタムという量子クラウドサービスの提供、トポロジカル量子ビットを用いた量子コンピュータの研究開発を行っています。

後者は、マヨラナ粒子（マヨラナフェルミオン）という不思議な性質を持った粒子を用います。マヨラナ粒子はイタリアの理論物理学者エットーレ・マヨラナによって1937年に存在を予測された粒子です。2018年にデルフト工科大学、同社の研究者らによって、マヨラナ粒子を観測したという論文が発表されました。ところが、2020年にテクニカルエラーにより論文が撤回されるなど、マヨラナ粒子の存在自体がまだ確認されておらず、今のところ、マヨラナ粒子による量子コンピュータ開発は実現していません。

インテル［サンタクララ、1968年］

半導体方式の量子コンピュータの研究開発を行い、量子誤り耐性あり量子コンピュータ（FTQC）の開発をターゲットにしています。2023年6月に、12量子ビットを搭載したトンネル・フォールズ（Tunnel Falls）という研究用の量子プロセッサを発表しています。トンネル・フォールズは超伝導量子ビットよりも100万倍小さく、また専用の研究所ではなく、同社の最先端の工場で製造ができます。

米陸軍研究局（ARO）を通じたプログラム（QCF：Qubits for Computing Foundry）に関連する政府機関や学術機関に提供され、量子ドット技術の特性の研究成果を次世代の開発に役立てる方針です。まずは、国立の物性科学研究所（LPS）やサンディア国立研究所、ロチェスター大学、ウィスコンシン大学マディソン校などに提供される予定です。

また、オランダのキューテック（QuTech）と共同でクライオCMOS制御チップ（Horseridge）の開発を進めています。超伝導や半導体方式は、外部（常温）の電子機器と冷蔵庫内（極低温）の量子ビットを配線で接続する必要があり、量子ビット数を今後、数万、数百万の量子ビットに増やすと配線数が膨大となり、制御ができなくなると言われています。クライオCMOS制御チップは、制御電子機器を冷蔵庫内に移動させるもので、実現すれば配線が不要になるため、インテルやマイクロソフト、IBM、グーグルなどの企業が開発に取り組んでいます。

国内では2023年5月に、理化学研究所と共同研究に関する覚書を締結し、スーパーコンピュータやAIにかかわるコンピュータ技術、半導体をベースとした量子コンピュータおよび量子シミュレーション技術などについて連携・協力を行う予定です。

エヌビディア（NVIDIA）［サンタクララ、1993年］

2021年3月にソフトウェア開発キットのクー・クオンタム（cuQuantum）を発表し、同製品を利用することで、サーク（Cirq）やキスキット（Qiskit）、ペニーレーン（Pennylane）といった主要な量子ソフトウェア開発キットに含まれる量子回路シミュレータをGPU（画像処理半導体）で高速化することができます。

同製品は、状態ベクトル法（メモリ上に指数的に増大する数の量子状態をすべて保持する）とテンソルネットワーク法（必要な状態だけをシミュレートする）のライブラリを備えており、状態ベクトル法は量子化学・暗号関連、テンソルネットワークは最適化・機械学習などに用いることができます。

同製品により、誤りのない理想的な量子ビットと、誤りを含んだ量子ビットの両方をシミュレートでき、GPU上で量子アルゴリズムの研究が可能となります。BMWグループは量子アプリケーションのベンチマークに関する作業を対象に、また、富士フイルムとブルーキャット（bluegat）は量子回路の構築に同製品を利用しています。

2022年7月には、量子古典ハイブリッド計算プラットフォームのクォーダ（QODA）を発表し、量子ソフトウェア企業のQCウェア（QC Ware）、ザパタAI（Zapata AI）、スーパーコンピュータセンターの独ユーリッヒ研究所、米オークリッジ国立研究所、日本の理化学研究所などで利用されています。

(2) 欧州の企業

アトス（ATOS）［フランス・ブゾン、2000年］

世界50カ国以上でクラウドやビッグデータなどのITサービスを提供する多国籍企業です。量子コンピュータ関連では、2017年からクオンタム・ラーニング・マシーンという量子シミュレータを販売しています。

米オークリッジ国立研究所、英研究・イノベーション機構傘下の科学技術施設会議（STFC）ハーツリーセンター（Hartree Center）、ドイツのバイエル（世界的な医薬品メーカー）、アーヘン工科大学などで利用されています。日本では、インテリジェントウェイブ（IWI）と協業し、量子シミュレータを販売しています。

(3) 日本の企業

富士通［東京、1935年］

富士通は、擬似量子アニーリングと量子ゲート方式に取り組んでいます。擬似量子アニーリングでは、組み合わせ最適化に特化したデジタルアニーラと呼ばれる技術を2018年からクラウドサービスで展開しています。クラウドサービス契約数は国内131件、海外55件にのぼっており、製造、金融、配送計画などの分野でビジネス適用を開始しています。

具体的な活用事例としては、基地局設定の最適化による通信品質の改善（KDDI）、半導体材料の最適配合探索の高速化（昭和電工）、中分子創薬向けペプチド安定構造探索（ペプチドリーム）、運用資産のポートフォリオ最適化（メルコインベストメンツ）、自動車製造に必要な部品の物流ネットワーク最適化（トヨタシステムズ）、観客席配置の最適化（ベルリンオリンピックスタジアム、ニュルブルクリンク）などがあります。

量子ゲート方式では、ソフトウェア領域で量子化学計算に強みを持つキュナシス（QunaSys）と協業しています。ハードウェア領域は、理化学研究所と2020年10月から共同研究を開始し、2021年4月には、理研の量子コンピュータ研究センター内に、理研

ROC―富士通連携センターを開設しています。2023年度内には、自社製の64量子ビットを備えた超伝導方式の量子コンピュータを公開予定です。今後は、2025年度に256量子ビット、2026年度以降に1000量子ビット以上に拡大予定です。

さらに、新たなハードウェア方式として、ダイヤモンドスピンの研究にも着手しており、オランダのデルフト工科大学と共同研究を進めています。ダイヤモンドスピンとは、ダイヤモンド中の窒素―空孔複合体（NVセンター）のスピンを、物理量子ビットとして利用するものです。超伝導に比べて、高温での動作が可能であること、光を使った量子ビット間の接続が可能であるためノイズの影響を受けにくく大規模化ができると期待されています。

日本電気（NEC）［東京、1899年］

擬似量子アニーリングと量子アニーリング方式を中心に取り組んでいます。擬似量子アニーリングでは、NEC Vector Annealing サービスを提供しています。クラウドサービスでの提供に加え、企業内で利用できるようにオンプレミス（自社保有）型の製品販売も行っています。機械学習の精度向上とストレステスト業務の効率化（三井住友フィナンシャルグループ・日本総研）、生産計画立案システムの導入（NECプラットフォームズ）、保守部品配送コスト最適化（NECフィールディング）など、広告・公共・インフラや製造、交通・物流、金融、素材開発・創薬といった幅広い領域で共同研究、実導入に向けた取り組みを進めています。

量子アニーリング方式では、経済産業省の主導するNEDOプロジェクトのもと、産業技術総合研究所と共同で、超伝導パラメトロン素子（ノイズに強く、量子重ね合わせ状態を保つ時間［コヒーレンス時間］が長い）を用いた量子アニーリングマシンの開発を進めています。オーストリアの量子スタートアップであるパリティ・クオンタム・コンピューティング（PQC）の量子ビット間結合技術ParityQCアーキテクチャを採用し、より大きな問題が扱えるように多ビット化（集積化）に取り組んでいます。

なお、量子ゲート方式では、政府と科学技術振興機構（JST）が推進するムーンショット型研究開発事業内で、超伝導量子回路の集積化技術開発のプロジェクトマネージャーとして、共同研究プロジェクトを指揮しています。

NTT［東京、1985年］

日本電信電話（NTT）で量子技術の研究開発、グループ会社のNTTデータで量子コンピュータおよびイジングマシンに関する技術検証・コンサルティングサービスを提供しています。NTTは、64量子ビットの国産超伝導量子コンピュータ初号機を理化学研究所らと共同で開発、そのほか、東京大学と理化学研究所と共同で光方式の量子コンピュータ開発に取り組んでいます。

日立製作所【東京、1920年】

擬似量子アニーリングと量子ゲート方式に取り組んでいます。擬似量子アニーリングでは、シーモス（CMOS）アニーリングの適用を拡大させています。CMOSアニーリングは同社が開発した、量子を使わず半導体上でイジングモデルの振る舞いを擬似的に再現する技術です。非常に小型で、消費電力が少なく、高速に動作することが特徴です。同製品を用いて勤務シフト最適化ソリューションを提供しています。

量子ゲート方式では、半導体方式の量子コンピュータを開発しています。政府と科学技術振興機構（JST）が推進するムーンショット型研究開発事業内で、大規模集積シリコン量子コンピュータの研究開発プロジェクトを担当しています。2050年に高集積性・低消費電力を特徴とする大規模な量子コンピュータを実現することを目標とします。

東芝［東京、1904年］

擬似量子アニーリングであるシミュレーテッド分岐マシンの開発、それを用いた最適化サービスを提供しています。シミュレーテッド分岐アルゴリズムという同社独自の並列計算に適したアルゴリズムをFPGA（ソフトウェアで設計できる論理回路）やGPUを用いて実装しています。

株式市場における高速高頻度取引への適用（ダルマ・キャピタル）、タンパク質のアロステリック制御（タンパク質に機能的多様性をもたらす立体構造や活性を特異的に調節する機構）の予測精度向上（レボルフ）、工場の勤務シフト最適化（グルーヴノーツ）など、さまざまな分野に取り組んでいます。

(4) 中国の企業

アリババ［杭州、1999年］

2015年、中国の自然科学の最高研究機関である中国科学院（CAS）と連携して、中国科学院─アリババ量子計算実験室を設立し、量子コンピュータの開発に取り組んでいます。2018年3月には、11量子ビットの超伝導方式の量子コンピュータを同社パブリッククラウド上でサービス提供を開始しました。

2017年以降、アリババDAMOアカデミー（中国語では「達摩院」と称する）という先端技術領域の研究開発を行う拠点をグローバル（中国［北京、杭州］、シンガポール、米国［ニューヨーク、シアトル、サニーベール］、イスラエル［テルアビブ］）に展開し、量子計算の研究組織では、元ミシガン大学教授の施堯耘（シー・ヤオユン）氏を責任者に迎え、量子ラボを設置しています。それ以降、ハンガリー系米国人でコンピュータサイエンティストのマリオ・セゲディ氏などの著名な科学者を招聘しています。同ラボでは、2030年までに50から100量子ビットのプロトタイプを実現するロードマップを発表しています。

テンセント［深圳、1998年］

2018年にテンセント・クオンタム・ラボを設立し、超伝導方式の量子コンピュータ、量子アルゴリズムの開発（テンソルネットワークのような量子インスパイア・アルゴリズム［古典アルゴリズム］も含む）、情報処理や新薬研究開発、材料設計などへの応用研究をしています。また、テンセントクラウド上に材料研究プラットフォームと創薬プラットフォームを開発し、材料、医薬品、エネルギー、化学などの関連分野でエコシステムを構築しています。

バイドゥ［北京、2000年］

2018年3月に、豪シドニー工科大学の量子ソフトウェアおよび情報センターを創設した段潤堯（DUAN Runyao）教授を所長として、バイドゥ・リサーチ・量子コンピューティング研究所を設置し、量子コンピュータの開発に取り組んでいます。

2022年8月に、超伝導方式で10量子ビットを備えた量子コンピュータを一般公開しました。また、中国科学院が開発した超伝導方式やイオントラップ方式の量子コンピュータにアクセスできるプラットフォームを提供しています。

ファーウェイ［深圳、1987年］

量子ハードウェアの設計と検証、量子ソフトウェアや量子アルゴリズムの事前探索・設計・検証、量子教育を支援できるように、ファーウェイ・クラウド上で量子シミュレーションプラットフォームを提供しています。

2　スタートアップの動向

米マッキンゼーの調査によれば、量子コンピュータのスタートアップの数は2022年時点で248社にのぼり、2022年は過去最高のレベルの投資額で量子技術（量子コンピュータ、量子通信、量子センシング）のスタートアップに23億5000万ドルが投資されています。

最近では大型の資金調達も成立しており、プサイ・クオンタム（2020年2億3000万ドル、2021年4億5000万ドル）、アイオンキュー（2021年6億5000万ドル）、サンドボックスAQ（2022年5億ドル）、リゲッティ（2022年3億4500万ドル）、クオンティニュアム（2021年3億ドル）、ディーウェーブ（2022年3億2000万ドル）、本源量子（2022年1億4900万ドル）、アイキューエム（2022年1億7500万ドル）、ザナドゥ（2022年1億ドル）、テラ・クオンタム（2022年5900万ドル）、アトム・コンピューティング（2022年5900万ドル）、クラシック（2022年4900万ドル）などが挙げられます。

国別のスタートアップの数を見ると、米国が全体の3割を占め（72社）、次いで、カナダ（28社）、イギリス（22社）、日本（14社）、フランス（11社）、ドイツ（11社）、中国（9社）の順となっており、北米に多くのスタートアップが存在します。

【北米】

米国は、世界的に見ても、ハードウェア・ソフトウェア両方で、非常に多くのプレーヤーが存在します。その背景には、基礎研究力の強さ、公的投資だけでなく民間企業の圧倒的な投資額の大きさ、スタートアップが生まれやすい土壌・文化・競争力など、さまざまな要因が考えられます。

カナダは、政府の企業誘致や産学連携などの後押しのもと、量子コンピュータ分野の研究開発が精力的に行われており、有望なスタートアップが数多く存在します。特に、トロント大学、ウォータールー大学、オタワ大学があるオンタリオ州は、カナダ版のシリコンバレーとして、ＡＩや量子コンピュータなどの先端技術を研究開発する強固な基盤があります。

代表例としては、ＩＢＭやグーグルなどの巨大ＩＴ企業からスピンアウトしたリゲッティやサンドボックスＡＱ、マサチューセッツ工科大学やメリーランド大学など有力大学からスピンアウトしたアイオンキュー、キュエラのほか、プサイ・クオンタム、カナダのディィーウェーブ、ザナドゥなどが挙げられます。

(1) 米国のスタートアップ

アイオンキュー（IonQ）［カレッジパーク、2015年］

米メリーランド大学発のイオントラップ方式の量子コンピュータを開発するスタートアップです。カナダ、イスラエル、ドイツにもオフィスを構えます。GV（グーグルのベンチャーキャピタル部門）やソフトバンクビジョンファンド、サムスンなどが出資し、2021年10月には、ニューヨーク証券取引所に上場しました。これは量子コンピュータのスタートアップとして初めてのことで、当時、大きな注目を集めました。

アマゾン、マイクロソフト、グーグルのクラウドサービスから実機アクセスが可能です。同社の量子コンピュータは、量子ビットがすべて結合しており、量子ビットの品質も良いため、広範囲の問題に実装できると期待されています。

2022年8月にはエアバスと提携して、航空機のコンテナ積載の最適化プロジェクトを実施しています。異なるサイズや重量、積載優先順位のあるコンテナを、航空機の重心をできるだけ適切に満たすように積載する方法を実証実験しています。

クオンティニュアム（Quantinuum）［ブルームフィールド、2021年］

2021年11月に、テクノロジー・製造分野のグローバル企業である米ハネウェル（Honeywell）の量子コンピューティング部門と、2014年設立の量子スタートアップ、英ケンブリッジ・クオンタム（Cambridge Quantum）が経営統合して設立されたスタートアップ（ハネウェルが筆頭株主）です。

量子ソフトウェア、オペレーティングシステム、サイバーセキュリティ分野に強みのあるケンブリッジ・クオンタムと、イオントラップ方式の量子コンピュータ開発で世界をリードするハネウェルが統合し、300名もの研究者を擁するスタートアップです。

リゲッティ（Rigetti）［バークレー、2013年］

2013年に米イェール大学とIBMで量子ハードウェアの研究員だったチャド・リゲッティが創業したスタートアップです。超伝導方式の量子ゲートマシンの開発、ソフトウェア開発キットのフォレスト（Forest）を開発しています。2022年3月に、ニューヨーク証券取引所に上場しています。2022年に80量子ビットの量子コンピュータを商用化させ、今後、2023年には84量子ビット、2024年には336量子ビットの量子コンピュータを開発する予定です。

キュエラ（QuEra）［ボストン、2018年］

米ハーバード大学と米マサチューセッツ工科大学で開発された中性原子の研究をベースに、量子コンピュータを開発するスタートアップです。2021年11月に、楽天などの投資家から1700万ドルを調達し、256量子ビットの量子コンピュータであるAquilaを構築しています（量子シミュレーションという、汎用的ではなく特定の種類の問題を解く量子コンピュータです）。

アトム・コンピューティング（Atom Computing）［バークレー、2018年］

中性原子方式の量子コンピュータを開発するスタートアップです。100量子ビットを搭載した量子コンピュータのプロトタイプを完成させており、長いコヒーレンス時間（量子状態を保てる時間）が特徴です。

プサイ・クオンタム（PsiQUANTUM）［パロアルト、２０１６年］

光方式の量子ハードウェア、ソフトウェアを開発するスタートアップです。量子誤り耐性あり量子コンピュータ（ＦＴＱＣ）の開発を進めています。10年後に、１００万の物理量子ビットを搭載する量子コンピュータを開発する目標を掲げています。米資産運用会社ブラックロックなどの投資家から、累計6・65億ドルもの資金調達をしており、注目を集めています。

直近では、２０２3年3月に、英国政府の科学技術革新省（ＤＳＩＴ）から９００万ポンドの資金を調達しています。ヨーロッパ最大の液体ヘリウム（約マイナス２７０度）低温プラントの1つにアクセスできる、科学技術施設審議会（ＳＴＦＣ）のダレスベリー研究所に研究グループを設置し、同社の冷却能力を１００倍に高めることが目的です。超高感度な単一光子検出器のために必要なものですが、超伝導方式のようなミリケルビン温度ほどの低温冷却装置ではないため、低コストになります。

クオンタム・コンピューティング（QCi：Quantum Computing Inc.）［リーズバーグ、2018年］

2018年9月に、ナスダックに上場したスタートアップです。量子ソフトウェアの開発に加えて、2022年6月に光方式の量子コンピュータを開発するキューフォトン（QPhoton）を買収し、量子ハードウェアからソフトウェア開発までを行うフルスタック企業となります。

シーク（SEEQC）［エルムスフォード、2018年］

超伝導集積回路を開発するハイプレス（Hypres）からスピンアウトしたスタートアップで、超伝導方式の量子プロセッサのファウンドリーサービスを提供します。欧州（英国、イタリア）に研究施設を持ち、2023年3月に量子ビットと同じ極低温で動作するチップを開発しています。

イークワル・ワン（Equal1）［サンカルロス、2017年］

半導体方式の量子コンピュータを開発するアイルランド初のスタートアップですが、本拠地をアイルランドから米国カリフォルニアに移転しています。商用化されているシーモス（CMOS：半導体素子の構造の1つ）半導体技術を用いて、デスクトップサイズの量子コンピュータ開発を進めています。

ブレキシモ（Bleximo）［バークレー、2017年］

特定アルゴリズム専用の超伝導方式の量子コンピュータを開発するスタートアップです。量子プロセッサを設計する段階から特定のアルゴリズムも共同設計することで、実行時間の短縮（特定のアルゴリズムに合わせて、プロセッサや制御ソフトウェアを最適化）、複雑さ、コストの削減（個々のアプリケーションの要件に焦点を当てることで、構成部品数や資本・運用コストを削減し、信頼性を向上）、知的所有権の保護（ハードウェアとソフトウェアを共同設計することで、リバースエンジニアリングを困難に）を狙っています。

QCウェア（QC Ware）［パロアルト、2014年］

量子ソフトウェアを開発、提供するスタートアップです。東京、パリにもオフィスを構え、米金融大手のシティグループやゴールドマンサックス、欧州航空宇宙大手エアバスなどが出資しています。フォーチュン500に名を連ねる大手企業、政府機関と量子アプリケーションの開発を実施しており、例えば、医療画像分類（ロッシュ）、臨床データ補完（アストラゼネカ）、自動車ルート最適化（アイシン）、創薬発見（ベーリンガーインゲルハイム）、ヘッジ取引（JPモルガン・チェース・アンド・カンパニー）、信用リスクモデル（イタウ・ウニバンコ）などの取り組み実績があります。

2017年からQ2Bという量子コンピュータのビジネス応用の国際会議を毎年シリコンバレーで主催しています（近年では東京、パリでも開催）。企業や大学・研究機関だけでなく、メディア、政府系機関、ベンチャーキャピタリストなどの多数のステークホルダーが一堂に会する有用なコミュニティとなっています。

ザパタAI（旧ザパタ・コンピューティング）（Zapata AI）［ボストン、2017年］

米ハーバード大学をスピンアウトして設立された量子ソフトウェアのスタートアップです。トロント、ロンドン、東京にオフィスを構えます。100名以上の科学者、エンジニア、ビジネスパーソンを擁して、出版物600件、米国特許55件、世界特許110件以上（2022年10月1日時点）を有します。

オーケストラ（Orquestra）という量子アプリケーションのプラットフォームを提供しています。２０２２年7月には、エヌビディアのクー・クオンタム・ソフトウェア開発キット（cuQuantum SDK）と統合し、GPU上での量子回路シミュレーションの実行や、エヌビディアの量子古典ハイブリッドのプラットフォームであるクォーダ（QODA）の利用が可能となっています。

世界最大の総合化学メーカーであるビーエーエスエフ（BASF）、大手金融機関のビルバオ・ビスカヤ・アルヘンタリア銀行（BBVA）、石油・ガスなどのエネルギー大手のビーピー（BP）、グローバルなレース企業のアンドレッティ・オートスポーツ（Andretti Autosport）などとパートナーシップを締結し、ユースケース探索を行っています。

２０２3年8月には、イオントラップ方式の量子コンピュータを開発するスタートアップのアイオンキューと戦略提携を結び、量子ハードウェア上の生成AI技術のベンチマーク検討の研究に取り組むことを発表しています。また、２０２3年9月にアンドレッティ・アクイジションと経営統合し、ニューヨーク証券取引所に上場することを発表しています。

サンドボックスＡＱ（SandboxAQ）［タリータウン、２０２２年］

グーグルの親会社アルファベットが、２０１6年に自社内で立ち上げた組織からスピンアウトして設立されたスタートアップです。２０２3年2月には、5億ドルの資金を調達しています。

エンタープライズ向けＳａａＳ企業であり、ＡＩと量子技術を組み合わせたソリューションを提供しています。なかでも、量子サイバーセキュリティ、量子シミュレーションと最適化、量子センシングに注力しています。量子シミュレーションと最適化では、創薬分野を対象に複数の技術（テンソルネットワーク、量子化学、生成モデリング、自然言語処理など）を用いて、新しい化合物の発見を目的とした研究をしています。古典的なＣＰＵとＧＰＵを使用した量子古典ハイブリッドアルゴリズムの開発を行い、グーグルだけでなく、ＡＷＳやマイクロソフトのアジュールなど、ニーズに最適なクラウドプロバイダーを利用します。

ストレンジワークス（Strangeworks）［オースティン、２０１８年］

量子ソフトウェアを開発するスタートアップです。同社の量子クラウドプラットフォームから、60以上の古典コンピュータ、量子インスパイア、量子コンピュータなどのハードウェアにアクセスでき、外部パートナーが提供するライブラリを追加して利用もできます。

例えば、スペインのマルチバースのポートフォリオ最適化アプリケーション、ボソンキュー・プサイ（BosonQ Psi）の航空路線最適化アプリケーションなどです。また、同社が開発した量子近似最適化アルゴリズム（QAOA）と変分量子固有値ソルバー（VQE）などのさまざまなアルゴリズムを、異なる量子ハードウェアバックエンドで結果を比較することができます。また、ビジネス管理ツールが実装されており、組織でのアカウント管理、利用料の確認、計算リソースの配分などができます。

キュービット・エンジニアリング（Qubit Engineering）［ノックスビル、2018年］

エネルギー業界向けに量子コンピューティングおよび機械学習のソリューションを提供するスタートアップです。マイクロソフトと連携して、アジュール・クオンタムのプラットフォームで利用できる量子インスパイアードな機能を使用して、風力発電所のレイアウトを最適化し、同じ物理的な風力発電所資産で、より多くの利用可能なエネルギーを生み出す取り組みを進めています。

キューシミュレート（QSimulate）［ボストン、2018年］

量子ソフトウェアの開発、量子力学にもとづいた創薬開発、AIやマテリアルインフォマティクスによる材料開発などを行っています。国内では、大手化学メーカーJSRや昭和電工などと取り組みを進めています。

キーサイト・テクノロジー（Keysight Technologies）［サンタローザ、2014年］

電気・電子計測機器メーカーで、量子技術分野では制御装置、ミドルウェアの開発をしています。2021年には量子誤りの抑制や性能評価ソフトウェアを開発するカナダのクオンタム・ベンチマーク（Quantum Benchmark）を買収し、量子ベンチマーク用のソフトウェアを提供しています。同製品により、パフォーマンスを制限する誤りの特定・診断・対処、異なるフォーム間のベンチマーク比較が行えます。

(2)　カナダのスタートアップ

ディーウェーブ（D-Wave）［バーナビー、1999年］

2011年5月、世界で初めて量子コンピュータを商用化させたスタートアップです。2022年8月に、ニューヨーク証券取引所に上場しています。

同社の主な事業は、超伝導方式の量子アニーリングマシンの開発、ソフトウェア開発キットのオーシャン（Ocean）の開発などです。2017年1月に2000量子ビットを備えたD-Wave 2000Qを、2020年9月に5000以上の量子ビットを備えたアドバンテージ（Advantage）を発表しています。これまで、物流、金融、創薬、モビリティなど、幅広い業界・企業と250以上の実証実験を行い、一部では実用化されています。成果物の一部は、同社主催のQubitsというカンファレンスで発表されています。

2021年には、これまでビジネスの軸にしていた量子アニーリングマシンの開発だけでなく、量子ゲートマシンの開発にも取り組むことを発表しています。両方式に取り組むユニークな企業になっています。

ザナドゥ（Xanadu）［トロント、2016年］

光方式の量子ハードウェア、ソフトウェアを開発するスタートアップです。従業員数は170名超で、米国国防高等研究計画局（DARPA）などから累計2・5億ドルの資金調達をしています。

ペニーレーン（PennyLane）というソフトウェア開発キットが有名で、量子機械学習、量子化学などの量子アルゴリズムのライブラリを提供しています。アマゾン・ブラケットから実機にアクセスが可能です。

2022年6月には、ボレアリス（Borealis）という光量子ビットを用いて、量子超越性を発表しています。ボレアリスは任意の計算ができる汎用量子コンピュータではなく、ガウシアン・ボソン・サンプリングと呼ばれる特定のプロトコルを実装したものです。スーパーコンピュータの富岳が9000年かけて行う計算を36μ秒（1μ秒＝100万分の1秒）で計算できます。アマゾン・ブラケットからアクセス可能です。

ワンキュービット（1QBit）［バンクーバー、2012年］

量子ソフトウェアを開発する老舗スタートアップです。2015年8月の世界経済フォーラムで、世界で最も有望なテクノロジー企業の1社として選ばれています（過去にグーグル、ドロップボックスなどが受賞）。カナダに3カ所のオフィスを構え、約140名の従業員を擁しています。

最適化・機械学習・量子コンピューティングの分野で、金融・エネルギー・モビリティ・ヘルスケア・通信・材料科学などの幅広い業界にソリューションを提供しています。米ダウ・ケミカル（Dow Chemical）と分子の適切な構造のシミュレーションツール開発や、英ナットウェスト銀行（NatWest）・富士通とポートフォリオ構成を決定する新方法の開発などを行っています。

プロテイン・キュア（ProteinQure）［トロント、2017年］

分子シミュレーション、機械学習、量子コンピューティングを組み合わせて、新しいタンパク質の構造や相互作用の探索、構造にもとづいた医薬品設計などを行うスタートアップです。アストラゼネカ、第一三共などとパートナーシップ関係にあります。

【欧州】

次は欧州です。大学や研究機関で長年、培われてきた研究をベースにスピンアウトしたスタートアップが多く存在します。英国、ドイツ、フランスだけでなく、オーストリア、オランダ、北欧など、欧州全体に有望なプレーヤーが存在します。また、自国に閉じず、EUのプロジェクト支援のもと、一体となって取り組んでいることも特徴です。

(3) 英国のスタートアップ

オックスフォード・クオンタム・サーキッツ（Oxford Quantum Circuits）［レディング、2017年］

英オックスフォード大学発の超伝導方式の量子コンピュータを開発するスタートアップです。量子ビットと同じ平面上に配線がない特殊な構造を持つ特許技術により、量子ビットの集積化、量子コンピュータの大規模化に取り組んでいます。

8量子ビットの量子コンピュータは、アマゾン・ブラケットで公開されており、クラウド上で利用ができます。2023年3月には、米エクイニクスと提携し、同社が保有する東京都内のデータセンターに開発中の32量子ビットの量子コンピュータを設置しました。2023年後半に、日本で量子コンピュータの商用提供を開始すると発表しています。

ユニバーサル・クオンタム（Universal Quantum）［ブライトン、2018年］

英サセックス大学発のイオントラップ方式の量子コンピュータを開発するスタートアップです。

2022年11月に、ドイツ航空宇宙センター（DLR）と6700万ユーロ（1ユーロ＝158円。2023年9月29日時点）の契約を締結し、今後4年以内に、同センターにパートナー機関がアクセスできる量子コンピュータを開発予定です。これは、ドイツ連邦政府およびドイツ経済省が設立したドイツ量子コンピューティングイニシアチブの一環として行われているものであり、単一の企業としては最大となります。基本モジュールを開発し、そのモジュールを多数接続することで数百万量子ビットを備えた量子コンピュータ開発を目指しています。

クオンタム・モーション（Quantum Motion）［ロンドン、2017年］

英ユニバーシティ・カレッジ・ロンドンの教授と、英オックスフォード大学の教授により設立されたスタートアップです。従業員数40名ほどで、半導体方式の量子コンピュータを開発しています。

英国・EUの政策補助金と、ボッシュ・ベンチャーズ（RBVC）が主導する資金調達ラウンドで、累計6200万ポンドの資金調達をしています。すでに、1024の量子ドットを搭載したテスト機の製作や、標準的な半導体製造技術でのテストチップ制作など、いくつかの技術的な成果があります。

オーカ・コンピューティング（ORCA Computing）［ロンドン、2019年］

オックスフォード大学からスピンアウトした光方式の量子コンピュータを開発するスタートアップです。トロント（カナダ）、クラクフ（ポーランド）、シアトル（米国）にオフィスを構えます。

必要に応じて単一光子を保存・取り出すなどの動作を高速に行うことで、部品点数を最小限に抑えるアーキテクチャを持ちます。2021年に英国政府から未来の量子データセンターのプロジェクトとして1160万ポンドの助成金、2022年に複数のベンチャーキャピタルから累計1500万ドルを調達しています。また、2022年に、英国国防省が量子コンピューティングを防衛用途に活用する方法を探るため、同社のラック型の量子コンピュータ（PT-1）と連携予定であることを発表しています。

オックスフォード・アイオニック（Oxford Ionics）［キッドリントン、2019年］

オックスフォード大学物理学科からスピンアウトした、イオントラップ方式の量子コンピュータを開発するスタートアップです。競合の米アイオンキューなどと異なり、原子の操作にレーザーを使用せず、代わりにシリコンチップによって生成される電場と磁場を利用します。

リバーレーン（RiverLane）［ケンブリッジ、2016年］

英ケンブリッジ大学の計算数学者が設立した量子ソフトウェアのスタートアップで、従業員数は100名を超えます。オペレーティングシステムを提供しており、同じ量子ソフトウェアを超伝導、イオントラップ、光、半導体などの異なるタイプの量子ハードウェア上で実行することができます。また、量子誤り訂正の実現に向けた研究開発に取り組んでいます。

ラーコ（Rahko）［ロンドン、2018年］

英ユニバーシティ・カレッジ・ロンドンのコンピューターサイエンス出身者が設立したスタートアップです。迅速で安価な創薬を実現できるソフトウェア製品を開発しています。2021年に、炎症性疾患や自己免疫疾患、癌の患者を対象とした次世代精密医療を開発する米オデッセイ・セラピューティクスに買収されました。

フェーズクラフト（Phasecraft）［ブリストル、2019年］

英ユニバーシティ・カレッジ・ロンドンと英ブリストル大学の研究チームを率いてきた量子科学者がスピンアウトして設立したスタートアップです。現在の量子ハードウェアの機能を最大限に活用するための量子アルゴリズムを開発しています。

英国政府の量子技術チャレンジの資金提供プロジェクトにおいては、英BT（英大手通信会社）、リゲッティとネットワーク設計、電子設計自動化、物流などへの適用を目標に、量子アルゴリズムやソフトウェア開発をしているほか、英オックスフォードPVとは、太陽光発電の材料モデリングにおける困難な問題のシミュレートに取り組んでいます。

オックスフォード・インストゥルメンツ（Oxford Instruments）［アビンドン＝オン＝テムズ、1959年］

科学研究機器、半導体プロセス装置、分析機器の輸入販売・修理・買い取りを行う老舗企業です。量子関連では、超伝導方式などで必要となる極低温環境を作り出す希釈冷凍機の開発・販売をしています。

(4)　オランダのスタートアップ

キューブロックス（Qblox）［デルフト、2018年］

オランダの公的研究機関キューテック（QuTech）からスピンアウトしたスタートアップで、量子コンピュータの制御機器を開発しています。日本では、東京インスツルメンツと契約を締結し、日本の10を超える研究所、企業に制御機器を提供しています。

クイックス・クオンタム（Quix Quantum）［エンスヘデ、2019年］

フォトニクス業界の研究者やオランダのトゥウェンテ大学の教授チームなどによって設立された、光方式の量子コンピュータを開発するスタートアップです。

２０２０年に光量子プロセッサを開発し、２０２１年に最初の量子プロセッサを販売しています。ＥＵのホライズン・ヨーロッパから助成を受けたプロジェクト（期間：２０２０年９月〜２０２４年８月）、オランダの企業・自治体との連携プロジェクトなどに参画し、研究開発を進めています。

クオントウェア（QuantWare）［デルフト、2021年］

オランダのデルフト工科大学と同国のキューテックからスピンアウトしたスタートアップで、超伝導方式の量子コンピュータの開発をしています。顧客が手頃な価格で独自の量子コンピュータを構築できるように、量子チップを第三者に提供・販売しています（現代のインテルのアプローチに似ています）。発売価格は、5量子ビットのプロセッサが7万5000ユーロ、25量子ビットが30万ユーロです。最近では、ＥＵから部分的な資金提供を受け、64量子ビットのプロセッサを発売しています。

(5)　ドイツのスタートアップ

エイチ・キュー・エス（HQS Quantum Simulations）［カールスルーエ、２０１７年］

独カールスルーエ工科大学からスピンアウトして設立された、従業員30名ほどのスタートアップです。化学・材料シミュレーションのソフトウェアを開発しています。

ドイツ連邦教育研究省が助成するプロジェクトの一員で、ライプニッツ・スーパーコンピューティング・センターに、ドイツ国産でハイパフォーマンス・コンピューティング（HPC）環境と統合された超伝導方式の量子コンピュータの開発を進めています。フィンランドのアイキューエム（ハードウェア担当）、フランスのアトス（HPC担当）との共同プロジェクトで、同社は化学や物理シミュレーションのソフトウェア開発を担当しています。

エレクトロン（EleQtron）［ジーゲン、２０２０年］

独ジーゲン大学発のイオントラップ方式の量子コンピュータを開発するスタートアップです。ドイツ連邦政府およびドイツ経済省が設立したドイツ量子コンピューティングイニシアチブの一環として、ドイツ航空宇宙センターを拠点に、複数企業と共同プロジェクトを実施しています。10量子ビットを備えた量子コンピュータ開発、モジュール式でスケーラブルな量子コンピュータ開発を目指しています。

(6) フランスのスタートアップ

パスカル（PASQAL）［マシー、2019年］

パリ光学研究所からスピンアウトし、2022年ノーベル物理学賞受賞者のアラン・アスペ教授などの研究者によって設立された中性原子方式の量子コンピュータを開発するスタートアップです。従業員数140人以上で、オランダのアムステルダム、カナダのシャーブルックにもオフィスを構えています。

2023年1月に1億ユーロを調達し、その資金をもとに、短期的には1000量子ビットの量子コンピュータ開発、長期的には量子誤り耐性あり量子コンピュータ（FTQC）の開発に取り組みます。エネルギー、化学、自動車、モビリティ、ヘルスケア、金融、政府などの主要分野の顧客向けに独自のアルゴリズムの開発を拡大する計画で、オンプレミスまたはアジュール・クオンタム経由で実機アクセスを提供予定です。また、2023年末までに

1000量子ビットの量子プロセッサを市場に投入することを目指しています。

多くのグローバルフォーチュン500企業と提携しており、最近では、世界最大の協同組合金融機関であるクレディ・アグリコルCIBと、複雑な財務最適化問題の解決に取り組んでいます。世界最大の化学会社であるビーエーエスエフ（BASF）とは天気予測に、BMWとは衝突試験、軽量部品や材料の開発に使用する複雑なシミュレーションの簡素化に取り組んでいます。

アムステルダムの量子ソフトウェア企業キューコー（Qu&Co）と合併し、量子ソリューションの提供にも取り組んでいます。キューコーが持つ量子アルゴリズムと、同社の量子ハードウェアを密接に連携・統合させ、化学、自動車、航空宇宙、防衛、金融などの多く商業分野をターゲットにしています。

アリス&ボブ（Alice & Bob）［パリ、2020年］

超伝導方式の量子コンピュータを開発するスタートアップです。cat qubit という量子ビットをベースに、量子誤り耐性あり量子コンピュータ（FTQC）の開発を進めています。cat qubit は、量子誤り訂正において、誤り訂正に必要な物理量子ビットを大幅に減らすアプローチ（ビット反転と位相反転の両方を訂正せず、位相反転のみを扱えるようにする）で、アマゾンも取り組んでいる方式です。

２０２３年７月に、フランスのアトスの子会社エビデン（Eviden）と提携し、エビデンの量子アプリケーション開発プラットフォーム上で、同社ハードウェアのエミュレーション機能（模擬的な実行）を利用できます。将来的には、同社の量子プロセッサが利用できるようになる予定です。

クオントファイ（QuantFi）［パリ、２０１９年］

米ウォールストリートの金融マンが代表を務める、金融機関向けの量子アルゴリズムを開発するスタートアップです。量子金融を体系的に学べるトレーニングコースを提供しており、フランスでは欧州大手行に量子金融トレーニングを行った実績があります。

キュービット・ファーマシューティカル（Qubit Pharmaceuticals）［パリ、２０２０年］

米国・フランスの科学者の研究からスピンオフしたスタートアップで、パリとボストンにオフィスを構えます。

分子シミュレーションとモデリングを専門にし、スーパーコンピュータと量子コンピュータを併用したソフトウェアプラットフォーム（アトラス〈Atlas〉）を開発しています。エヌビディアと連携し、量子古典ハイブリッドコンピューティングのプラットフォームであるエヌビディアのクーダ・クオンタム（CUDA Quantum）とアトラス（Atlas）を用いて、創薬プラットフォームを構築しています。

(7) フィンランドのスタートアップ

アイキューエム（IQM）［エスポー、2018年］

超伝導方式の量子コンピュータを開発するスタートアップです。フィンランドのアールト大学とVTTフィンランド技術研究センターからスピンアウトして創業しました。従業員数は190人以上、ミュンヘン、マドリード、パリ、シンガポールにもオフィスを構えます。VTTフィンランド技術研究センターと共同で、2021年に5量子ビット、2023年に25量子ビットの量子コンピュータを開発しています。今後は2024年に50量子ビット以上を開発予定です。また、ドイツ連邦教育研究省（BMBF）が主要な資金を提供する

4530万ユーロのコンソーシアムでは、ハイパフォーマンス・コンピューティング（HPC）アプリケーションの量子加速を実現するための研究を進めています。同社の量子コンピュータは、ミュンヘン近郊にあるライプニッツ・スーパーコンピューティング・センターのHPC設備に組み込まれる予定です。

ブルーフォース（Bluefors）［ヘルシンキ、2008年］

フィンランドのアールト大学にある低温研究所の技術をベースに、超伝導方式などで必要となる極低温環境を作り出す希釈冷凍機の開発、販売をしています。IBMの量子コンピュータなど、世界中の600以上の大学・研究所で採用されており、希釈冷凍機のグローバル・スタンダードとなっています。

(8)　オーストリアのスタートアップ

アルパイン・クオンタム・テクノロジーズ（AQT）［インスブルック、2018年］

オーストリアのインスブルック大学発で、イオントラップ方式の量子コンピュータのハードウェアを開発するスタートアップです。

データセンターやオフィスなどへの設置を念頭に置いて設計されており、すべてのコンポーネントが19インチラック内に収まるようになっています。1本の電源プラグだけで室温環境で動作するため、超伝導方式などの量子コンピュータに必要な特殊な冷却機能や防振などのデバイス群が必要となりません。現在では、最大20量子ビットをサポートし、キスキット(Qiskit)などの多くの量子ソフトウェア開発キットから量子アルゴリズムを実行できます。

化学、ポートフォリオ最適化などの特定のユースケースにおけるテストベッドとして使用されています。従業員20名で、ヨーロッパ、北米、アジアの学術および産業研究グループに同社コンピュータのコンポーネントを販売し、2021年に100万ユーロの売上を上げています。

パリティQC（ParityQC）［インスブルック、2020年］

オーストリアのインスブルック大学からスピンオフして設立されたスタートアップで、量子アーキテクチャを専門とします。EUのホライズン・ヨーロッパ（2021年から2027年までのEUの野心的な研究およびイノベーションプログラム）、米国国防高等研究計画局（DARPA）、オーストリア研究促進庁から資金を調達しています。また、ドイツ連邦教育研究省（BMBF）が資金援助する、超伝導方式の量子コンピュータ開発の官民連携プロジェクトに参画しています。

(9) スペインのスタートアップ

マルチバース（Multiverse）［サン・セバスティアン、2019年］

カナダ、フランス、ドイツ、英国にもオフィスを構える量子ソフトウェアのスタートアップです。ソフトウェアプラットフォームを用いて、量子アルゴリズムおよびテンソルネットワークなどの量子インスパイアされたアルゴリズムを開発しています。

金融やエネルギー、製造、モビリティ、ヘルス&ライフサイエンスなどの幅広い業界を対象とし、大手金融機関ビルバオ・ビスカヤ・アルヘンタリア銀行（BBVA）とは投資ポートフォリオ管理の最適化、製造大手ボッシュ（Bosch）とは自動車用電子部品工場内の機器・部品の稼働最適化・品質管理向上、大手エネルギー会社イベルドローラとはスマート電力網（スマートグリッド内でのバッテリーの配置）の最適化などの共同プロジェクトを進めています。

⑽　ノルウェーのスタートアップ

ノルディック・クオンタム・コンピューティング・グループ（NQCG: Nordic Quantum Computing Group）［オスロ、2000年］

オスロ大学の情報学部や物理科などの研究者が設立したスタートアップです。フォトニクス・チップの設計、金融問題に対する量子アルゴリズムの開発、フォトニック・プラットフォームを利用した量子機械学習の開発に取り組んでいます。

2023年3月に、ノルウェーの中央銀行とマイクロソフトと協業して、金融のための量子コンピューティング（Quantum Computing for Finance）を開発することを発表しています。

⑾　スイスのスタートアップ

テラ・クオンタム（Terra Quantum）［ザンクト・ガレン、2019年］

スイスとドイツにオフィスを構え、量子アルゴリズムやライブラリの開発、量子古典ハイブリッドコンピューティング（量子コンピュータは超伝導方式に注力）の開発などに取り組んでいます。

独フォルクスワーゲンとは組立ラインでのワークフロースケジューリングの最適化や車両分類のための画像認識、独ウニパー（エネルギー会社）とはLNG（液化天然ガス）物流の最適化やバイオマスプラントにおけるCO_2排出量予測、エネルギー取引におけるオプションと複雑なデリバティブの評価、仏タレス・グループ（航空宇宙産業などの大手電機企業）とは地球観測衛星の運用効率化などに取り組んでいます。

【アジア・オセアニア】

アジア・オセアニアでは、大手IT企業や国立研究機関を中心に量子ハードウェアの開発が進められており、スタートアップはソフトウェアの開発が多い傾向にあります。中国、イスラエル、オーストラリア、日本といった技術先進国を中心に、研究開発が進んでいます。

⑿　日本のスタートアップ

ブルーキャット（BLUEQAT）［東京、2008年］

量子コンピューティングの開発ツールとクラウドプラットフォームを提供し、量子機械学習などさまざまなアプリケーションの開発を行うスタートアップです。また、企業向けの量子コンピュータ有料教育プログラムや、世界の最新量子ニュースを配信するサービスの日本語版サービスの提供、YouTube や Discord コミュニティ、書籍発刊、日本量子コンピューティング協会の設立（2023年6月）など、量子コンピュータの情報発信、啓蒙活動にも取り組んでいます。

化粧品会社のコーセーとは、量子古典ハイブリッドアルゴリズムを開発し、化粧品処方を高速で自動生成するシステムを開発しています。2023年1月には、安全に使える原料配合量を条件として、一般的な処方よりも高い角栓（毛穴の詰まりや黒ずみ、ニキビなどの要因の1つ）の除去能力を持つクレンジングオイル処方の自動生成に成功しています。

ハードウェア面では、2022年6月に、SEMIジャパンやJSRなどの国内半導体サプライチェーン企業、研究機関／団体が参画するSEMI量子コンピュータ協議会を設立し、半導体方式の量子コンピュータ開発に取り組んでいます。

キュナシス（QunaSys）［東京、2018年］

量子コンピュータのアルゴリズム・ソフトウェアを開発するスタートアップです。特に、量子化学分野に注力しており、量子化学計算を行うクラウドサービスを用いて、JSRやENEOS、豊田中央研究所などと研究を進めています。また、エネルギー・材料・化学系の企業を中心に50社以上が参画するキューパーク（QPARC）を設立し、量子コンピュータの動向把握、応用可能性の探索を行っています。

フィックスターズ（Fixstars）［東京、2002年］

マルチコアプロセッサ関連事業として、高性能なソフトウェア開発やクラウドサービスを提供する企業です。量子関連では2017年にディーウェーブと協業し、2021年にグループ子会社のフィックスターズ・アンプリファイ（Fixstars Amplify）を設立しています。イジングマシンという組み合わせ最適化問題を解く専用マシン向けのソフトウェア開発キットとクラウドサービスの提供などを行っています。

住友商事、野村総合研究所、豊田中央研究所、早稲田大学、慶應義塾大学などの400以上の企業・学校が、同社のクラウドサービスを利用しています。

ジェイアイジェイ（JIJ）［東京、2018年］

科学技術振興機構（JST）による大学発新産業創出プログラム（START）を通じて、量子アニーリング研究者らによって設立されたスタートアップです。

量子アニーリング、イジングマシンなどのハードウェア・研究手法を用いて、従来の計算手法では計算困難な産業課題の解決を図る技術開発をしています。非専門家の開発者向けにクラウドサービスを提供し、量子アニーリング・イジングマシンの実行に必要な形式変換

（数理モデルからQUBO形式へ）における、パラメータ調整やマシンごとのインターフェース変換など、従来は専門家が経験と勘で行う必要があった処理を自動で実行することができます。富士通、日本電気、東芝、ディーウェーブ、日本マイクロソフトなどとパートナー連携をしています。

クオンマティク（Quanmatic）［東京、2022年］
早稲田大学発の量子アルゴリズムの開発を行うスタートアップです。早稲田大学の戸川望教授の技術を基盤に、性能が不完全な量子コンピュータであっても、複雑な問題を高速で解けるようにするためのアルゴリズム開発に取り組んでいます。
2023年9月には、超伝導方式の量子コンピュータを開発する英オックスフォード・クオンタム・サーキッツ（OQC）、早稲田大学と、OQCのハードウェアで効率的に動作するアルゴリズムの開発に取り組むことを発表しています。

キュエル（QuEL）［東京、2021年］
大阪大学発のスタートアップで、量子コンピュータの制御装置、ミドルウェアの開発に取り組んでいます。国家プロジェクトの共創の場形成支援プログラム（COI－NEXT）量子ソフトウェア研究拠点や、光・量子飛躍フラッグシッププログラム（Q－LEAP）の研究成果をベースにしています。制御装置、ミドルウェアは、量子プロセッサとソフトウェアの間に位置し、マイクロ波による量子ビット計算の制御や、量子ビットの状態から計算結果を読み取るなどの際に必要となります。

(13) 中国のスタートアップ

本源量子（Origin Quantum）［合肥、2017年］

中国科学技術大学（USTC）の著名な量子物理学者によって設立された、超伝導方式の量子コンピュータを開発するスタートアップです。24量子ビットを備えた超伝導方式の量子コンピュータは、2021年に特定のユーザに納入され、今後は2025年までに1024物理量子ビット、2029年までに1万物理量子ビット、2032年までに100万物理量子ビット（1000論理量子ビット）の量子コンピュータを開発する予定です。

チューリングQ（TuringQ）［上海、2021年］

光方式の量子コンピュータを開発するスタートアップです。数億ドルの資金調達を完了しており、知的財産権のある光量子チップの技術を持っています。光源、光子検出システム、オペレーティングシステム、ソフトウェアなどのコンポーネントも開発するフルスタックの量子コンピューティング企業を目指しています。商用化に向けては、中国銀行や招商銀行など複数の顧客と協力しています。

⒁　イスラエルのスタートアップ

クラシック（Classiq）［テルアビブ、2020年］

イスラエル国防軍出身の研究者が設立した、量子ソフトウェアの設計、実行、解析のためのプラットフォームを提供するスタートアップです。

米国、日本にも拠点を構え、20以上の特許を保有します。ヒューレッド・パッカード・エンタープライズ、サムスン、大手金融機関HSBCなどの出資のほか、日本企業からも住友商事、NTTファイナンスが出資しています。また、IBM、アマゾン、マイクロソフト、エヌビディア、慶應義塾大学などとパートナー提携をしています。

ケドマ（Qedma）［テルアビブ、2020年］

量子コンピュータの誤り抑制・低減を目的としたソフトウェア製品を開発しているスタートアップです。ノイズの多いコンポーネントを評価し、理想的なゲートで動作するようにアルゴリズムを変換・再設計します。これにより、特定の量子回路の出力精度が向上します。

⒂ オーストラリアのスタートアップ

シリコン・クオンタム・コンピューティング（Silicon Quantum Computing）［シドニー、2017年］

オーストラリア連邦政府、UNSWシドニー、オーストラリア・コモンウェルス銀行、テルストラ（オーストラリア最大の公共・民間所有の通信会社）およびニューサウスウェールズ州政府から、8300万豪ドルを超える資本資金を得て設立されたスタートアップです。43名の科学者、研究者、技術者を擁し、2020年9月に世界的に著名な量子物理学者ジョン・マルティネス教授が米グーグルを退社し、同社に参画したことは大きな話題となりました。

オーストラリア量子計算通信技術センターでの20年近い研究が、同社の知的財産の基礎となっています。量子ドット技術を用い、精密な走査型トンネル顕微鏡（ＳＴＭ）リソグラフィ（基板に光や電子ビームなどで回路パターンを転写する手法）で製造する量子プロセッサの開発に取り組んでいます。２０２８年までに１００量子ビットの量子プロセッサの開発、２０３３年までに量子誤り耐性あり量子コンピュータ（ＦＴＱＣ）の開発を計画しています。

Ｑコントロール（Q-CTRL）［シドニー、２０１７年］

豪シドニー大学の物理学者が設立したスタートアップで、ロサンゼルス、ロンドン、ベルリンにもオフィスを構えます。ノイズや誤りを排除・低減し、量子ハードウェアを安定化させる制御ソフトウェアを開発しています。

量子ビットを制御・調整し、量子ハードウェアのパフォーマンスを自動化・最適化する制御ソフトウェアや、誤り低減のソフトウェア、量子コンピュータの学習プログラム、量子クラウドプラットフォームのソフトウェアスタックに直接統合し量子インフラを制御するソフトウェアなどの製品を提供しています。

クオンタム・ブリリアンス（Quantum Brilliance）［シドニー、2019年］

オーストラリア国立大学からスピンアウトしたスタートアップで、ドイツ、シンガポールにもオフィスを構えます。常温動作の合成ダイヤモンドを用いた量子ハードウェア、ソフトウェアの開発に取り組んでいます。ダイヤモンドを用いた手法はNVセンター（窒素［N］空孔［V］センター）と呼ばれる技術で、ダイヤモンドの結晶構造に窒素イオンを注入し、電子のスピンにより、量子ビットを形成します。

⒃　シンガポールのスタートアップ

ホライズン・クオンタム・コンピューティング（Horizon Quantum Computing）［メディアポリス、2018年］

英オックスフォード大学の研究者が設立した量子ソフトウェアのスタートアップです。米国のマサチューセッツ工科大学、カリフォルニア大学バークレー校、カナダのウォータールー大学などの一流の理工系大学のメンバーが在籍し、メンバーは平均して8年以上の研究経験を持っています。

古典的な言語で記述されたプログラムにもとづいて量子アルゴリズムを自動的に構築する技術により、単一の統一言語で書かれたプログラムを古典コンピュータでも量子コンピュータでもコンパイルして実行できる量子プログラミング環境を開発しています。2023年3月に、テンセントなどからシリーズA投資（1810万ドル）を調達しています。

3　産官学コンソーシアムの取り組み

量子コンピュータは黎明期の技術であるため、民間企業だけでなく、産官学協働による取り組みも世界中で行われています。

産官学協働によるメリットは、産業界の声を拾うことができること、その生の声が政府の政策や戦略にも活かされること、産業と学術パートナー連携による強固なエコシステムの形成ができることなどです。

近年では地政学的な影響もあり、国境を越えた取り組みも進んでいます。2023年2月に、米国の量子経済開発コンソーシアム（QED－C）、欧州の量子産業コンソーシアム（QuIC）、カナダの量子産業カナダ（QIC）、日本の量子技術による新産業創出協議会（Q－STAR）の各コンソーシアムは、国際量子産業団体協議会（MOU）を設立することを発表しました。サプライチェーンの構築、マーケットの開放、人材交流、国際標準化の開発、知的財産保護、資金調達強化などの観点で団体間のコミュニケーションやコラボレーションを強化することを目的にしています。

以下、代表的なコンソーシアムをご紹介します。

【北米】

(1)　米国のコンソーシアム

量子経済開発コンソーシアム（QED-C: The Quantum Economic Development Consortium）
［2018年］

2018年12月にトランプ米大統領（当時）により署名・公布された国家量子イニシアチブ法の一環として、国立標準技術研究所（NIST）の支援を受けて設立されたコンソーシアムです。

SRIインターナショナル（米国の非営利科学研究所）が運営しており、健全な量子産業の実現と成長をミッションとし、産業界、アカデミア（大学・独立研究機関）、米政府機関など280以上のメンバーから構成されています。

米国に限らず、英国、ドイツ、フランス、日本、シンガポール、韓国など38カ国に本社を置く企業やアカデミアなどもメンバーになることができ、日本ではNTT Researchや東芝、情報通信研究機構（NICT）などが参画しています。

産官学で協力して、ユースケースやアプリケーションの探索、標準化やベンチマーク（指標）の特定、知的財産や技術予測、量子リテラシーの共有、業界と政府機関のコラボレーション促進などに取り組んでいます。

(2) カナダのコンソーシアム

量子産業カナダ（QIC: Quantum Industry Canada）［2019年］

カナダ政府の国家量子戦略の一環として、2019年に設立された量子技術企業のコンソーシアムです。40以上の量子コンピューティング、量子通信と暗号、量子センシング、量子安全暗号を開発する企業、アプリケーションを開発する企業が参画しています。

【欧州】

(3)　欧州全体のコンソーシアム

クイック（QuIC：European Quantum Industry Consortium）［2021年］

2021年にヨーロッパ全土（EU以外も含む）の大手企業（エアバス、アトス、ビルバオ・ビスカヤ・アルヘンタリア銀行［BBVA］）、ボッシュ、SAPなど）、中小企業、投資家、新興企業などによって設立された欧州量子産業コンソーシアムで、メンバー数は170を超えます。

サプライチェーン、コンポーネント、テクノロジー、性能、知的財産と貿易、標準化、労働力の観点から、量子技術分野のギャップの特定、ユースケースの特定、量子技術産業間の調整・促進、一般の利害関係者に向けた量子技術業界のニーズの提唱、欧州における公正かつ持続可能な量子技術ビジネス環境の育成、グローバル競争力の確保、を目標に活動しています。

欧州のほかのコンソーシアムである、英国クオンタム（UK Quantum）、量子ビジネスネットワーク（QBN）、フランスの量子研究所（Le Lab Quantique）とも連携しています。

(4) ドイツのコンソーシアム

キューテック（QUTAC: Quantum Technology & Application Consortium）［2021年］

2021年6月に、ドイツ大手企業が量子コンピュータの産業応用を目指して設立した量子技術活用コンソーシアムです。フォルクスワーゲン、BMW、ビーエーエスエフ（BASF）、シーメンス、ミュンヘン再保険、エスエイピー（SAP）、ドイツテレコムなどの13のドイツ大手企業が参画しています。

金属加工における生産計画の最適化（工作機械メーカーのトルンプ）、臨床試験の計画最適化（メルク）、自動車生産工場の塗装最適化（フォルクスワーゲン）、サプライチェーン最適化（インフィニオン）、気候変動やサプライチェーンなどの複雑なリスク・損失の予測（ミュンヘン再保険）、ポリマー研究における新しい化学触媒の開発（BASF）、複雑な分子シミュレーション（ベーリンガーインゲルハイム）などのプロジェクトに取り組んでいます。

ミュンヘン量子バレー（MQV: Munich Quantum Valley）［2022年］

2022年1月に、バイエルン州政府の政策にもとづき、バイエルン学士院、フラウンホーファー研究機構、ドイツ航空宇宙センター、ミュンヘン工科大学などが発足パートナーとして設立された量子コンピュータの研究開発コンソーシアムです。

バイエルン州を中心とした量子技術・量子科学の促進、量子分野の教育・訓練を目的としています。超伝導、中性原子、イオントラップ方式の量子コンピュータの開発・利用、BMWやインフィニオン（自動車メーカーや各種産業向けに半導体を製造するグローバル企業）などの業界パートナーと連携し、量子技術のトレーニングや再教育プログラムの開発・提供を行っています。

【アジア】

(5) 日本のコンソーシアム

量子技術による新産業創出協議会
(Q-STAR: Quantum STrategic industry Alliance for Revolution)〔2021年〕

２０２１年9月に、ＩＴ、金融、製造、化学などの業界から24社が設立会員として、産業界主体で量子関連の産業・ビジネスの創出を目的として設立されました。材料、計測技術、通信、シミュレーションなどの日本の強みのある技術を活かし、新産業を創出するのが狙いで、産業界・アカデミアなどから80以上のメンバーが参画しています。

量子人材に関する調査・提案、産学官の連携による知財・標準化などの制度・ルールの調査・提言、国内外の量子関連の団体との連携にも取り組んでいます。

量子ICTフォーラム〔2001年〕

総務省・量子情報通信研究代表者会議を前身として、２００1年に発足した量子技術分野の産官学コンソーシアムで、80以上の企業、大学・研究機関が参画しています。量子コンピュータ、量子鍵配送、量子計測・センシングを対象領域に、研究開発成果や技術動向に関する情報交換、組織間連携の促進、研究開発推進戦略の提言、海外の研究機関と連携などを行っています。

量子イノベーションイニシアティブ協議会（QII: Quantum Innovation Initiative Consortium）［2020年］

２０２０年７月に東京大学が事務局として設立された協議会です。主な活動は、量子計算ソフトウェア・アプリケーション、量子ハードウェアに関する情報交換、次世代量子コンピュータの開発に結び付く基礎科学技術に関する情報交換です。ＩＢＭＱネットワークのメンバーを中心に、約20の企業、大学・研究機関が参画しています。

キューパーク（QPARC）［2020年］

２０２０年に、量子スタートアップのキュナシス（QunaSys）が、量子情報・量子化学を専門とする教授陣の協力のもとに設立したコンソーシアムです。エネルギー・材料・化学系の企業を中心に50社以上が参画し、量子コンピュータの最新動向の把握や、新しい材料開発などのユースケース探索に取り組んでいます。

ピュータと量子コンピュータがシームレスに統合されたハイパフォーマンス・コンピューティング（HPC）です。量子コンピュータは将来においても、古典コンピュータを置き換えるものではなく、量子と古典は共存するという考え方に即した研究領域で、新しいアーキテクチャやコンパイラ、通信環境に関する研究が行われています。
「量子埋め込み」とは、古典的な情報や確率モデル、古典物理・量子物理学の模型などの量子と古典にまたがる幅広い情報を、量子回路やテンソルネットワークを用いて表現し、量子コンピュータや量子的な技術によって問題を解く研究領域です。量子埋め込みは比較的新しい概念で、まだ産業応用につながる取り組みはありませんが、著者としては量子コンピュータのメリットを提示できる領域と考えていて、今後は研究が盛んになっていくと予想しています。

COLUMN

産官学コンソーシアムの注目研究テーマ

日本国内で産官学が連携して、複数の研究プロジェクトが立ち上がっています。ここでは注目したい研究テーマとして「量子シミュレーション」「量子古典ハイブリッドコンピューティング」「量子埋め込み」の３つを取り上げます。

「量子シミュレーション」とは、分子・原子・電子などの振る舞い（これを量子多体系の時間発展と言います）を数値計算によってシミュレートすることです。量子力学に従う微小な粒子の間には複雑な相互作用が働いているために、シミュレーションの際には非常に複雑な方程式を解かなければなりません。そこで、シミュレートしたい振る舞いを、量子ビットを使って模倣することで、解析を容易にする手法が研究されています。この研究領域では米国のキュエラが先行しています。

「量子古典ハイブリッドコンピューティング」は、古典コン

第4章

各国の政策と標準化、特許の動向

1　世界各国で進むプロジェクト

量子コンピュータを含めた量子技術は、米中、欧州、日本などの技術先進国において、国家戦略上の最重要技術と位置付けられ、すでに多額の投資がされています。具体的には、量子技術の国家戦略の策定、研究開発投資の拡充およびR&D拠点の構築、産官学連携の強化、国際間協力の推進、人材育成などを通して、世界における自国のイニシアチブを発揮すべく、各国が多くのプロジェクトを進めています。

日本政府においては、2020年1月に、量子に関する技術ロードマップやR&D拠点の整備などの量子技術に関する研究開発の道筋を明記した「量子技術イノベーション戦略」が策定されました。2022年4月には目指すべき未来社会像（社会変革に向けた戦略）として「量子未来社会ビジョン」を策定し、翌年には量子未来社会ビジョンで掲げた目標実現のため、量子技術の実用化・産業化に向けた方針や実行計画を示した「量子未来産業創出戦略」を発表しています。

近年は安全保障や地政学リスクなどの観点から、一国家ではなく、国家間の協力・提携の動きも目立ちます。例えば、米国は欧州各国（英国、オランダ、フランス、フィンランド、スイスなど）やオーストラリア、韓国、日本などと量子技術に関する協力声明を発表しています。共同研究の推進や人材交流・育成、標準化や知的財産の議論などを通じて、量子技術における強固で信頼性の高いサプライチェーン構築を目指しています。

2　北米の政策

(1)　米国の政策

２０１８年９月、大統領府科学技術政策局（ＯＳＴＰ）の下に国家科学技術会議（ＮＳＴＣ）を設置し、「国家量子情報科学戦略の展望（National Strategic Overview for Quantum Information Science）」と題する報告書を公表しています。

この報告書では、①科学を第一に置くアプローチをとること、②量子情報科学分野の人材の育成に取り組むこと、③量子情報科学に関する産業との関係を強化すること、④重要なインフラ（技術・設備など）を提供すること、⑤国家安全保障と経済成長を維持すること、⑥国際協力を進めることを提言しています。

2018年12月にはトランプ大統領（当時）の署名により、量子技術において、持続的なリーダーシップの確保を目的とする「国家量子イニシアチブ法（NQI）」が成立しました。

ここでは、10カ年計画の国家プログラム策定、同プログラムに指導・助言を行う小委員会や諮問委員会の設置、国立標準技術研究所（NIST）による量子情報科学技術産業育成のコンソーシアム立ち上げ、国立科学財団（NSF）による量子研究教育のセンター設置、エネルギー省（DOE）による基礎研究のセンター設置を行うことが明記されています。これら活動のため、5年間（2018〜2023年）で約12億ドルの投資が承認されています。現在は米国議会で国家量子イニシアチブ法の延長に関して検討されています。

また、関連する政策として2023年3月に成立したチップス法があります。量子ネットワークインフラの研究開発に5年間で5億ドル、米国内に拠点を置く研究者などが米国内の量子コンピューティングリソースにアクセスできるようにするプログラム（QUEST）に5年間で1億6500万ドル、次世代の学生や教師への量子教育プログラムに4年間で3200万ドルの資金提供が予定されています。また、量子コンピュータの周辺の制御機器などには、古典コンピュータの半導体チップが多く利用されているため、間接的な恩恵を受けることも予想されます。

(2) カナダの政策

カナダ国立研究評議会（NRC）の委託調査によると、量子分野は2045年までにカナダで1390億カナダドル（1カナダドル＝110円。2023年9月29日時点）規模の産業となり、20万人以上の雇用と420億カナダドルの収益をもたらし、カナダのGDPに3%貢献する可能性があるとされています。

カナダ政府はすでに、2012年から2022年までに10億カナダドル以上を量子科学に投資しています。さらに、民間投資家・慈善家は2002年以来、10億カナダドル以上を量子科学、イノベーション、企業に投資するなど、同国は量子技術においてイニシアチブを発揮しています。

事実、世界で初めて量子コンピュータ（量子アニーリング方式）を開発したディーウェーブや量子コンピュータの商用アプリケーションの開発に特化した最初のソフトウェア企業であるワンキュービット、量子コンピュータ専用の初の機械学習ソフトウェアを開発したザナドゥのように、カナダの量子スタートアップは量子コンピュータ業界で存在感を発揮しています。

カナダ政府は2021年度予算でコミットした7年間で3億6000万カナダドルの投資

を裏付けに、２０２３年1月に量子国家戦略を発表しました。同国が量子コンピュータとソフトウェア、量子通信、量子センサーの分野で国際的なリーダーシップをさらに強化できるように、研究、人材、商業化という3本柱に焦点を当て推進していく予定です。

3　欧州の政策

(1) 欧州連合（EU）と英国が共同でプロジェクトを推進

欧州では、欧州連合（EU）が２０１８年からの10年間で10億ユーロ以上の研究プロジェクトを進めるのと同時に、英国やドイツ、フランス、オランダなどの各国が独自に国策を打ち出し、研究開発を進めています。中でも、英国が２０１３年に発表した英国国立量子技術プログラムは、広範な量子技術を産官学の視点で体系的に扱った最初の主要国家施策として、後のEUや米国などの国家戦略・施策の立ち上げ動機にもなったとされています。

英国はブレグジット（英国のEU離脱）により、ここ数年間はEUの量子プロジェクトに参画する資格がありませんでしたが、２０２３年9月の新たな取り決めにより可能となりました。量子技術の研究開発が盛んなEUと英国が共同でプロジェクトを推進することで、欧州全体の量子技術はさらに発展すると予想されます。

(2) EUの政策

米国と中国による量子技術の市場独占の恐れがあるなか、２０１６年5月に欧州委員会メンバーや大学・研究所などで構成される有識者チームは、量子技術に対する欧州共通の技術研究開発戦略として「量子マニフェスト」を策定し、欧州委員会に対して10億ユーロ規模の研究開発プログラムを立ち上げるように求めました。

これを受けて、欧州委員会は２０１８年10月に、欧州研究・イノベーション枠組み計画である「ホライズン（Horizon）２０２０」の一部として、量子技術に関する大型の研究開発プログラム「量子フラッグシップ」を発表しました。同プログラムは、量子コンピューティング、量子シミュレーション、量子通信、量子計測・センシング、これらを補完する基礎量子科学の5領域を対象に、２０１８年から10年間で10億ユーロの投資が行われ、５０００人以上の研究者が参画する超大型プロジェクトです。

量子コンピューティングについては、欧州ハイパフォーマンス・コンピューティング共同事業（EuroHPC JU）の一環として、２０２３年までに最先端のパイロット量子コンピュータを構築することを計画しています。2022年10月には、チェコ、ドイツ、スペイン、フランス、イタリア、ポーランドに量子コンピュータを設置し、利用できるようにすることを発表しています。予算総額は1億ユーロで、半分がEUから、残り半分が欧州ハイパフォーマンス・コンピューティング共同事業の参加17カ国から拠出されます。

この量子コンピュータは、ヨーロッパの科学・産業界の一般ユーザがクラウド経由かつ非営利ベースでアクセスできるものです。特に、材料開発、創薬、天気予報、輸送、複雑なシミュレーション、最適化問題などへの活用が期待されています。

欧州委員会は2021年3月に、2030年までの欧州のデジタル化への移行実現を目指し、今後の10年間をデジタル化の10年間（Digital Decade）と位置付けた「デジタル・コンパス2030」を発表しています。その中で、2030年までにEUが量子情報処理技術で世界をリードするために、2025年までにEUは量子加速を備えた最初の量子コンピュータを導入することを目標に掲げています。

(3) 英国の政策

英国政府は、2014年以来、量子技術の研究開発に10億ポンドを投資しており、量子分野の企業数や民間投資は世界でもトップレベルです。２０１３年に英国工学・物理科学研究会議（ＥＰＳＲＣ）が、５年間（２０１４〜２０１９年）で2億７０００万ポンドを投資する量子技術分野の研究開発プログラムの英国国立量子技術プログラム（ＵＫＮＱＴＰ）を発表しました（最終的に3億８０００万ポンドを投資）。

同プログラムの下では、英国内の大学や企業が参画する量子技術の研究拠点が４拠点（オックスフォード大学：量子コンピューティング、ヨーク大学：量子通信、グラスゴー大学：量子イメージング、バーミンガム大学：量子センシング・計測）が設置され、2億１４００万ポンドの資金が提供されています。各研究拠点には、大学、国立研究所、事業開発、業界パートナーからの専門家が集まり、商業化に向けた取り組みを進めています。

量子コンピューティングの研究拠点では、米リゲッティの量子コンピュータを設置しています。量子コンピュータの実機をクラウド上で利用できる環境を整え、英国内の大学や企業（例：スタンダードチャータード銀行）と共同で、機械学習や材料設計、金融分野における実用的な応用技術の開発を進めています。

２０１５年3月には、量子技術に関する国家戦略の策定や政府への助言等を行う機関として設立された、量子技術戦略諮問会議（ＱＴＳＡＢ）が量子技術に関する国家戦略を発表し、同年10月には量子技術の各分野の実用化の見通しを示したロードマップを発表しています。

現在、英国国立量子技術プログラムはフェーズ2（2019〜2024年）に突入し、2023年に新たに国立量子コンピューティングセンター（NQCC）の設立が予定されています。英国研究・イノベーション機構の9300万ポンドの投資のもと、量子誤り耐性あり量子コンピュータ（FTQC）、ノイズあり小中規模量子コンピュータ（NISQ）双方におけるハードウェア、ソフトウェア、アプリケーションの研究開発を進めています。2023年3月には、英エディンバラ大学情報学部と提携し、量子ソフトウェアを専門とする同国初の研究センターを立ち上げています。

そして、英国政府は2023年3月に10年後のビジョンを設定した新たな国家量子戦略を発表しました。10年間（2024〜2034年）で25億ポンドの公的投資に加えて、10億ポンドの民間投資を呼び込む予定です。英国は技術力だけでなく、ヨーロッパでも多くの量子スタートアップ企業を生み出しており（約50社）、ベンチャーキャピタル投資としての魅力もあります。

同戦略では、①世界をリードする量子研究と技術を持つ国にすること、②世界中の投資家と人材にとって魅力ある場所になるようにビジネスを支援すること、③英国での量子技術導入を促進すること、④イノベーションと量子技術の倫理的使用を支援する国際的な規制枠組みを策定することを目標として掲げています。

(4)　オランダの政策

オランダ政府は量子技術の研究開発に6億1000万ユーロを投資しています。主な成果として、同国の量子エコシステムの育成と拡大を目指す国立エコシステムのクオンタムデルタ（QDNL：Quantum Delta NL）があります。

5つの主要量子拠点で産業界とアカデミアのコラボレーションを促進し、量子コンピューティングとシミュレーション、国家量子ネットワーク、量子センシングアプリケーションの3つのプログラムを進めています。中でも量子センシングに焦点を当て、極低温の原子気体を利用したセンサーを時計、ネットワーク同期、ジャイロスコープなどのセンサー、ナビゲーションにおける圧力・温度・重力・加速度などの測定に用いる機械的センサーなどに利用することを模索しています。

同国には、キューテック（QuTech）、キューソフト（QuSoft）、アイントホーフェン工科大学アイントホーフェン・ヘンドリック・カシミール研究所（QT/e）という3つの世界的な量子技術の研究開発（R&D）拠点を持ちます。中でも、キューテックは2014年にデルフト工科大学（TU Delft）とオランダ応用科学研究機構（TNO）が共同設立した公的研究機関として、政府およびTNOなどの研究機関が2015年から10年間で1億3500万ユーロを投資しています。

300人を超える科学者とエンジニアが在籍し、将来的なアプリケーションの構築、シミュレーションなどができる量子コンピュータプラットフォームを公開しています。教育部門では、世界中の数万人の学生にオンライン教育を提供しており、ユーザの量子コンピュータ活用を促進しています。

量子コンピュータ開発に取り組む企業からの投資も呼び込んでおり、インテル、マイクロソフト、富士通、KPN（オランダ大手通信会社）、シスコなどの多くの企業とパートナーシップを締結しています。インテルとは、2015年から10年間にわたる共同研究を進めており、同社はキューテックへ5000万ドルの金銭的支援のほか、人員や設備の提供を行っています。2023年7月には、2025年以降も活動を継続することを発表し、今後は主にクライオCMOS（室温環境にある制御や読み出し装置を、冷凍機の中にCMOSチップ化することで配線問題を解決するアプローチ）の研究に注力することを発表しています。

マイクロソフトとはトポロジカル方式（連続的に変形させても保たれる性質のトポロジーを用いる方式で、環境ノイズに対して安定的に計算できるとされる）という量子コンピュータの開発、富士通とはダイヤモンドスピン方式という量子コンピュータの開発（富士通とデルフト工科大学の共同研究をキューテックで実施）に取り組んでいます。

２０１９年9月には、オランダの量子技術に関係する研究機関が「量子技術国家アジェンダ」を策定し、オランダが量子技術分野で世界最先端となるために取り組むべき研究開発、市場化、人材育成などに関する方策を示しています。オランダ政府は２０２０年2月、同アジェンダの取り組みを実施するため、今後5年間で２３５０万ユーロを投資することを発表しています。

(5)　ドイツの政策

ドイツには複数の産官学コンソーシアム（Q-Exa、QSOLID、QuaST、SPINNING、PhoQuant、PhotonQ など）が立ち上がっているほか、国策としても手厚い支援をしています。

2018年9月にドイツ政府は研究開発・イノベーションの包括的な戦略として、「ハイテク戦略2025」を決定し、量子技術やAI、グリーン水素、バイオテクノロジーなどの未来技術で世界最先端を目指す目標を掲げています。また、同時期に科学技術・イノベーション政策の主要所管省である連邦教育研究省（BMBF）が、ドイツ政府の量子技術に関する研究開発の枠組みプログラム「量子技術・基礎研究から市場へ」において、量子コンピュータや量子通信、量子計測などを対象に、2021年までに6億5000万ユーロを投資することを発表しました。

2020年6月には、新型コロナウイルス感染症と未来に対する経済刺激策の一部として、量子技術関連に20億ユーロを投資、さらに2021年1月には量子コンピューティングのロードマップを公開しています。ロードマップでは、連邦政府の目標として、5年以内に100量子ビット以上を備えた国産量子コンピュータの開発が掲げられています。

2021年6月にはドイツ南西部エーニンゲンの量子コンピュータ・コンピテンスセンターに米IBM製の量子コンピュータが設置（米国外では初）され、ドイツで初めて量子コンピュータが稼働しました。記念式典には、当時のアンゲラ・メルケル首相やドイツ連邦教育研究省大臣、州首相などの政府トップ関係者も参加しています。

2022年11月には、ドイツ経済・気候変動対策省（BMWK）がドイツの産業界向けに量子コンピューティングのアプリケーションプラットフォームを構築するプロジェクト支援として、3年間で数千万ユーロの資金提供を行い、電気通信、物流、金融、自動車、エネルギーなどの分野でのアプリケーションテストに取り組んでいます。

2023年4月には量子技術に関する基本構想において、2023年から2026年の間に総額30億ユーロの巨大プロジェクトに取り組むことを発表しました。

(6) フランスの政策

2021年1月に、フランスが欧州・国際レベルで量子技術の主要なプレーヤーになることを目指す国家戦略を発表しています。その戦略の柱は、①NISQシミュレータ・アクセラレータの用法を開発し、普及させる（3億5200万ユーロ）、②スケールアップ可能な量子コンピュータを開発する（4億3200万ユーロ）、③量子センサーの技術とアプリケーションを開発する（2億5800万ユーロ）、④ポスト量子暗号化の提案を作成する（1億5600万ユーロ）、⑤量子通信システムを開発する（3億2500万ユーロ）、⑥競争力のある実現技術の提案を作成する（2億9200万ユーロ）、⑦エコシステムを横断的に構築する、という7本柱です。

4年間（2021〜2025年）で官民合わせて18億ユーロの資金提供（政府から10億ユーロ）が行われます。他にも、2030年までに1万6000人の直接雇用を創出する、量子技術に関する5000人の新しい人材・技術者・エンジニア・医師をトレーニングする、若手研究者1700名を育成し、2025年までに年間論文数を2倍増、年間200件の論文投稿、200名の博士研究員を育成する、1億2000万ユーロのスタートアップ起業支援をする、などの目標を掲げています。

2020年4月には国家戦略の一環として、国家量子コンピューティングプラットフォームの立ち上げに初期投資7000万ユーロ、総額1億7000万ユーロを投じることを発表しています。産業界・アカデミアからの量子コンピューティング機能へのアクセスを容易にして、新しいユースケースの特定、開発、テストができるように、量子コンピュータと古典コンピュータが相互接続されたハイブリッド・コンピューティング・プラットフォームを構築します。同プラットフォームは、フランス国立科学研究センターが国立情報学自動制御研究所（INRIA）、原子力・代替エネルギー庁（CEA）、GENCI（HPC開発機関）と連携して、原子力・代替エネルギー庁の大規模コンピューティングセンターに設置されます。

(7)　フィンランドの政策

フィンランドのアールト大学、ヘルシンキ大学、VTTフィンランド技術研究センターから1000名以上の研究者が参画する「量子技術フィンランド（QTF）」という研究拠点を形成しています。

2020年11月に、フィンランド国立技術研究センター（VTT）とスタートアップのアイキューエム（IQM）が共同で超伝導方式の国産量子コンピュータを構築するため、2070万ユーロの助成金を提供しています。

2021年11月には研究用途およびアールト大学の教育用途として5量子ビットを備えた量子コンピュータが稼働し、2024年までには50量子ビットを備えた量子コンピュータを開発する予定です。アールト大学とVTTが運営する国立研究インフラストラクチャのオタナノ（OtaNano）センター（2013年設立）では、マイクロ・ナノテクノロジー、量子技術の研究をしており、超伝導方式の量子コンピュータなどに必要な極低温専門の研究所を持っています。

2022年にはVTTフィンランド技術研究センターの主導のもと、産官学コンソーシアムQuTIのプロジェクト（3年間）が始まり、量子技術の新しいコンポーネント、製造、テストソリューション、アルゴリズム開発に取り組んでいます。フィンランド大使館商務部から一部資金提供を受けており、12の大学・産業界パートナーで構成され、総予算は1000万ユーロです。

(8) スウェーデンの政策

2018年に国家研究プログラムとして、産業界と大学が参画するヴァレンバーグ量子技術センター（WACQT）を設立しています。チャルマース工科大学が指揮・調整を行い、スウェーデン王立工科大学やルンド大学、ストックホルム大学、ヨーテボリ大学などの国内有数の大学が参画しています。12年間で10億スウェーデンクローナ（1スウェーデンクローナ＝14円。2023年9月29時点）の予算のもと、量子コンピューティングとシミュレーション、量子通信、量子センシングといった主要分野で研究開発を進めています。

チャルマース工科大学では、超伝導方式の量子コンピュータの開発が行われており、現在25量子ビットが完成しています。今後、2029年までに100量子ビットの実現を目指しています。また、同大学の量子コンピュータは研究者向けで産業界の外部ユーザは利用できないため、2023年1月にはクヌート&アリスウォレンバーグ財団が追加資金を提供し、数年以内に同大学の量子コンピュータの複製を製造し、スウェーデン国内の産業界が利用できるテストベッドを構築する予定です。このテストベッドには、ユーザをガイドし、問題を実行可能なアルゴリズムに要約するサポート機能を搭載する予定です。

4　アジア・オセアニアの政策

(1)　日本の政策

日本政府は、量子技術の研究開発戦略である「量子技術イノベーション戦略」、社会変革に向けた戦略（未来ビジョン、目標など）である「量子未来社会ビジョン」、量子技術の実用化・産業化戦略である「量子未来産業創出戦略」の3本の戦略をもとに、量子技術の研究開発を推進しています。

日本は、1998年の東京工業大学の門脇正史氏（現・デンソー）と西森秀稔氏による量子アニーリングの理論発表や、1999年のNEC研究所の中村泰信氏（現・東京大学、理化学研究所）と蔡兆申氏（現・東京理科大学、理化学研究所）による世界初の超伝導回路の量子ビット実現など、量子コンピュータの基礎となる理論、デバイスを作り出してきました。

しかし、量子アニーリングの実装や超伝導回路の集積化は海外企業に先行され、技術の実用化・産業化に向けた取り組みが課題でした。政府は継続的に、基礎研究（戦略的創造研究推進事業［CREST、さきがけなど］）や応用研究（光・量子飛躍フラッグシッププログラム［Q－LEAP］）、産業化・大規模化（ムーンショット型研究開発プログラム目標6、戦略的イノベーションプログラム［SIP］）まで横断的に国家プロジェクトを支援してきましたが、各府省が個別に研究開発プロジェクトを進めており、国全体を俯瞰した量子技術戦略が存在しませんでした。

そこで、日本政府は2020年1月に「量子技術イノベーション戦略」を策定し、産業界、大学、政府が一体となって取り組みを進めています。

また、量子技術イノベーション戦略のもと、2021年2月から量子技術イノベーション拠点の整備を開始しました。産業競争力強化、経済安全保障、量子技術利活用、国際競争力強化等を図る観点から、基礎研究から技術実証、知財管理、人材育成に至るまで産学官で一気通貫に取り組む拠点を整備しています。理化学研究所を中核組織として、量子コンピュータ開発（理化学研究所）、量子ソフトウェア研究（大阪大学）、量子コンピュータ利活用（東京大学―企業連合）、量子ソリューション（東北大学）、量子国際連携（沖縄科学技術大学院大学）などの10領域（拠点）の拠点があります。

さらに、2022年4月に内閣府は量子技術により目指すべき未来社会ビジョンやその実現に向けた戦略を策定した「量子未来社会ビジョン」を発表しました。量子未来社会ビジョンに向けた2030年に目指すべき状況として、インターネットの普及率を踏まえて（先進国では5～10％を超えると爆発的に普及率が加速）、①2030年までに国内の量子技術の利用者を1000万人にすること、②量子技術による生産額を50兆円規模にすること、③量子ユニコーンベンチャー企業（評価額10億ドル）を創出すること、の3つの目標を掲げています。

翌2023年4月には、その目標実現のために、量子技術の実用化・産業化に向けて、目指すべき方針や重点的・優先的に取り組むべき事項をまとめた「量子未来産業創出戦略」を発表しています。

さらに、2023年3月には量子未来社会ビジョンにもとづく施策として、理化学研究所と産業技術総合研究所、情報通信研究機構（NICT）、大阪大学、富士通、日本電信電話

（ＮＴＴ）との共同研究グループが、64量子ビットの国産超伝導量子コンピュータ初号機をクラウドで公開しました。当面は量子計算などの研究開発の推進・発展を目的とした非商用の利用として広く活用される予定です。

また、２０２３年4月に量子未来社会ビジョンで明記されたポータルサイトの創設など情報提供の充実・強化策として、量子技術に関する最新情報を一元的に集約し発信するポータルサイト「キュー・ポータル（Q-Portal）」が開設されました。これにより、ユーザは量子技術に関するさまざまな情報を、個別ウェブサイトごとにアクセスして確認する必要がなくなり利便性が向上しました。

ほかにも、関係者間の連携強化や多様なステークホルダーの量子分野への参画促進を図ることで、量子技術による新産業・イノベーション創出につながることが期待されています。

(2) 中国の政策

２００６年2月に、国務院が発表した国家中長期科学技術発展計画綱要（２００６～２０２０年）の重要な科学研究の4領域の1つに量子制御が指定されました。２０１５年には、中国科学院がアリババグループと共同の量子計算実験室を設立し、量子コンピュータの開発に取り組むことを発表しました。２０３０年までに50～１００量子ビットの量子コンピュータの試作機を開発する研究計画を定めています。

２０１６年８月に国務院が発表した科学技術イノベーション第13次５カ年計画（２０１６～２０２０年）では量子通信・量子コンピュータが、国が長期にわたって安定的に支援する重点領域に指定されました。２０１７年には量子技術の中心的な研究拠点として、安徽省合肥市に量子情報科学国家実験室を建設する計画が進められており、総工費は70億元（１元＝20円。２０２３年９月29日時点）に上ります。

２０２１年３月の全国人民代表大会（全人代）では、国民経済・社会発展第14次５カ年計画と２０３５年までの長期目標要綱が承認され、重視する先端７分野（①次世代ＡＩ、②量子情報［量子通信・量子コンピュータの開発］、③半導体、④脳科学、⑤遺伝子、⑥臨床医学、⑦宇宙）の１つに指定されています。２０２１～２０２５年の５カ年計画で研究開発費を年７％以上増やす計画で、２０２０年の研究開発費は41兆円でした。

(3)　イスラエルの政策

イノベーション庁などが主導する「国家量子科学技術プログラム」が２０１８年に開始さ

れ、優秀な博士号候補者などへの奨学金プログラムや関連する人的資源の支援の勧告がされました。2020年には研究インフラの改善や学術研究の発展支援などを含む広範なプログラムとしてイスラエル政府が承認し、6年間で12億イスラエル新シェケル（1イスラエル新シェケル＝39円。2023年9月29日時点）の量子技術開発のプログラムとなっています。

同プログラムの一部として、2022年7月には3年間で1億イスラエル新シェケルを投じて、イスラエル量子コンピューティングセンターを設立します。イスラエルのスタートアップのクオンタム・マシーンズが共同研究を主導し、オランダのクオントウェア（QuantWare）の超伝導方式、米コールドクオンタ（ColdQuanta）（現インフレクション Infleqtion）の中性原子方式、英オーカ・コンピューティング（ORCA Computing）の光方式という3種類の量子ハードウェアの開発と、イスラエルのクラシック（Classiq）、米スーパーテック（Super.tech）が関連するソフトウェア開発を行います。

2023年1月には、イノベーション庁が1億1500万イスラエル新シェケルの助成金を提供するコンソーシアムの設立が発表され、超伝導方式とイオントラップ方式の量子ハードウェアの開発、コヒーレント制御ツールやノイズ特性評価・低減のソフトウェアといったソフトウェア開発が推進されています。イスラエルの企業5社、イスラエル・エアロスペース・インダストリーズ（軍事・航空機メーカー）、クオンタム・アート（ITコンサルティング会社）、クラシック（量子ソフトウェア企業）、ケドマ（量子ソフトウェア企業）、ラファエル・アドバンスド・ディフェンス・システムズ（軍事・防衛企業）と主要な大学が参画を表明しています。

(4)　オーストラリアの政策

2021年11月に、国益によって重要な技術の保護・促進のための戦略として、「重要技術ブループリント」を公表し、その中の一技術分野として量子技術を挙げています。2023年5月には、同国が量子技術の機会をどのように活用するかについての長期的なビジョンを示す「量子国家戦略」を発表しました。

2030年までに22億豪ドル（1豪ドル＝96円。2023年9月29日時点）の産業で8700人の新規雇用の創出、2045年までに60億豪ドルの産業で1万9400人の雇用の創出を目標に掲げています。

この目標の達成のため、①量子技術の研究開発・投資・利用を活発化させること、②エコシステム構築に不可欠な量子インフラストラクチャや材料のアクセスを確保すること、③世界トップクラスの量子人材育成と拠点を形成すること、④国際パートナーと連携し、国益を支える標準化と輸出・投資の規制枠組みを開発・促進すること、⑤倫理的、法的、社会的影響を踏まえた責任ある開発と利用の原則を構築すること、という5つの重要なテーマを策定し、7年間をかけて実行していきます。

(5) インドの政策

世界有数のIT産業を有するインドは、さらなる競争力の強化を目指して、近年、量子技術に注力しています。2023年4月、政府は8年間（2023〜2031年）総額60億インドルピー（1インドルピー＝1・8円。2023年9月29日時点）の「国家量子ミッション」を承認しました。

超伝導方式や光方式などの中規模（50〜1000物理量子ビット）の量子コンピュータの開発、衛星通信における量子通信技術の開発を目標とし、原子時計、原子材料（新しい半導体構造、トポロジカル材料など）、単一光子源・検出器、量子もつれ源などの開発にも取り組みます。また、量子コンピューティング、量子通信、量子センシング・計測、量子材料・デバイスの分野で、トップの学術機関および国立研究開発機関に4つの研究拠点が設置される予定です。

5　標準化団体の取り組み

(1)　標準化はまだ初期段階

欧米を中心に量子技術に関する標準化の動きがあります。ただし、量子暗号通信のＱＫＤ（量子鍵配送）や共通言語の定義が中心で、量子コンピューティングにおける標準化はまだ初期の段階にあります。

２０２３年には日米欧カナダを拠点とするコンソーシアム（Ｑ－ＳＴＡＲ、ＱＥＤ－Ｃ、ＱｕＩＣ、ＱＩＣ）で国際協議会が発足しました。量子技術の産業化とそのアプローチについて、国際標準や知的財産、サプライチェーン構築などのコミュニケーション、コラボレーション強化に取り組む予定です。

(2)　第一合同技術委員会（ＩＳＯ／ＩＥＣ ＪＴＣ １）

国際標準化機構（ＩＳＯ）と国際電気標準会議（ＩＥＣ）が共同設立した第一合同技術委

員会（ＪＴＣ：Joint Technical Committee）のＩＳＯ／ＩＥＣＪＴＣ１は、ワーキンググループ14（ＷＧ14）にて、量子情報技術に関する標準化活動を行っています。

もともとは２０１８年11月のＪＴＣ１総会で承認された量子コンピューティングに関する検討グループ（ＪＴＣ１／ＳＧ２）や２０１９年５月に再構成されたアドバイザーグループ（Advisory Group 4 on Quantum Computing）が端緒で、それら活動が引き継がれ、２０２０年６月にＷＧ14が設立されています。日本における対応組織としてはＷＧ14小委員会があります。

２０２２年11月のＪＴＣ１東京総会で量子シミュレーションに関する予備業務項目（ＰＷＩ）の開始が承認されたことにともない、ＷＧ14の対象は量子コンピューティングから量子情報技術と改称され、幅広く対応できるようになりました。

中国国家標準化管理委員会の Hon Yong 氏を主査として、２０２３年４月時点で23の国家標準化団体（米国、カナダ、英国、ドイツ、中国、日本など）から１５７名の専門家が参加し、３カ月に１回程度の全体会議を開催しています。

具体的な規格開発のテーマは、①量子コンピューティング分野の用語の定義（ＤＩＳ４８７９）、②量子コンピューティングの概要（ＴＲ１８１５７）、③量子サービスプラットフォームのリファレンスフレームワーク（PWI18670）、④量子機械学習のデータセット（PWI18660）、⑤量子シミュレータのアーキテクチャの分類と量子シミュレーションのプログラミング（PWI20153）の5つです。

(3)　米国電気電子学会（IEEE）

2017年にアイトリプルイー・スタンダード・アソシエーション（IEEE－SA）が量子コンピューティング分野の用語の標準化を策定するプロジェクト（P7130）を開始し、現在では以下のプロジェクトが推進されています。

- ソフトウェア・デファインドの量子通信（P1913）：通信ネットワーク内の量子エンドポイントの構成ができるソフトウェア定義量子通信（SDQC）プロトコルを定義する。
- ポスト量子ネットワークセキュリティに向けた規格（P1943）：既存のネットワーク・セキュリティ・プロトコルの最適化されたポスト量子バージョンを実装する方法を定義する。
- 量子アルゴリズム設計および開発のための試用標準（P2995）：量子アルゴリズムの

設計のための標準化方法を定義する。

●量子コンピューティング・アーキテクチャの標準（P3120）：技術タイプ（FTQCなど）と1つ以上の量子ビットモダリティ（超伝導量子プロセッサなど）にもとづいて、量子コンピュータの技術アーキテクチャを定義する。この規格は、量子コンピュータのハードウェア（信号発生器など）コンポーネントと低レベル・ソフトウェア（量子誤り訂正など）コンポーネントを含み、量子回路またはアルゴリズムの定義は除外する。

●ポスト量子暗号移行の推奨プラクティス（P3172）：ハイブリッド・メカニズム（古典的な量子脆弱性公開鍵アルゴリズムと量子耐性公開鍵アルゴリズムの組み合わせ）の実装に使用できる複数ステップのプロセスについて記述する。

●ハイブリッド量子古典コンピューティングの標準（P3185）：量子古典ハイブリッドコンピューティング環境のハードウェア、ソフトウェアアーキテクチャを定義する。

●量子コンピューティングのエネルギー効率に関する標準（P3329）：量子コンピューティング（量子ゲート、量子アニーリング、量子シミュレーション）のエネルギー効率の指標を定義する。計算のパフォーマンスとエネルギー消費量を比較する。パフォーマンスは量子レベルとエンドユーザレベルで定義する。

- 量子技術標準の定義（P7130）：量子技術固有の用語に対処し、互換性と相互運用性が可能になるように定義する。
- 量子コンピューティングのパフォーマンス指標とパフォーマンスのベンチマークの標準（P7131）：量子コンピューティングのハードウェア・ソフトウェアのパフォーマンスのベンチマークを標準化するためのパフォーマンス指標を対象とする。専用ソルバーなどの要素を考慮した方法論を用いた古典コンピュータに対する量子コンピュータのベンチマークなどすべてのパフォーマンステストと指標を含む。

(4)　米国国立標準技術研究所（NIST）

2030年頃に現在の暗号技術が解読される可能性があるとして、量子コンピュータでも解読が困難な耐量子計算機暗号（PQC）という技術の標準化に取り組んでいます。

耐量子暗号技術標準化プロジェクトを2016年から開始しており、公募を通して、最終的に複数の方法を選出する方針で進めています。2022年7月に第3ラウンドの評価結果が発表され、量子コンピュータでも解読が難しいとされる格子暗号アルゴリズムを用いたIBMなどの「CRYSTALS-KYBER」など、4方式が標準に選定されています。

(5) 欧州電気標準化委員会(CENELEC)

2022年に、CENおよびCENELECの合同技術委員会22(CEN/CLC/JTC22)が設立され、量子技術に関連する標準を開発しています。全体委員会(量子技術全般)と4つの作業グループ(①戦略アドバイザリーグループ、②量子計測・センシング、③量子コンピューティング・シミュレーション、④量子通信・量子暗号)で構成されています。

2020年から2023年は、量子技術における標準化ロードマップと量子技術のユースケースの2つの成果物について作業をしています。この活動は、欧州量子フラッグシップ、欧州量子産業コンソーシアムなどの国家標準化団体と連携して行われています。

(6) 欧州ICT標準化監視機関(EUOS)

2021年3月にStandICT.EUが立ち上げた組織です。ICT標準化を監視し、ICTトピックに関するディスカッショングループと標準リポジトリ(ライブラリ)を提供しています。量子コンピューティングに関するグループもあり、他の標準化団体の動向や最新情報などが発信されています。

(7) 国際電気通信連合（ITU－T）

2019年9月にネットワーク向け量子情報技術に関するフォーカスグループ（FG－QIT4N）を設立し、2021年11月24日に成果物を技術レポート（ネットワーク用の量子用語の定義、ユースケース、量子鍵配布ネットワークプロトコルなど）として公表し、作業を終了しています。

(8) 欧州電気通信標準化機構（ETSI）

量子安全暗号というワーキンググループで耐量子暗号に関するパフォーマンス指標やプロトコル、ベンチマーキングなどについて取り組んでいます。

(9) インターネット次世代技術研究委員会（IRTF）

ネットワークノードの役割と定義を概説するアーキテクチャフレームワーク構築のため、まずは共通の語彙の構築をしているほか、量子ネットワークの技術ロードマップを作成しています。

6　量子技術の特許の動向

(1)　2017年から急激に増加

国立研究機関やコンサルティング会社などの調査レポートによれば、ここ数年間で量子技術の特許件数が急増しています。米国、欧州、世界知的所有権機関（WIPO）、中国、日本、韓国、ドイツ、フランス、英国、カナダの特許発行国・機関を対象にした科学技術振興機構（JST）研究開発戦略センター（CRDS）の調査報告書によれば、量子技術（量子コンピュータ、量子暗号・通信、量子基盤技術、量子マテリアル、その他）の特許数は2017年以降に急激に増加しています（図表4－1）。中でも、安全保障にかかわる量子暗号・通信や、基盤となる量子基盤技術（超伝導やイオントラップなどの量子状態、量子デバイスなど）の領域で急増しています。

国別に見ると、中国、米国の特許件数が他国を圧倒しており、次いで、日本、韓国、欧州特許庁、ドイツの順となっています。

米中に目を向けると、量子経済開発コンソーシアム（QED－C）の一員である法律事務

図表 4-1　量子技術の特許件数の推移

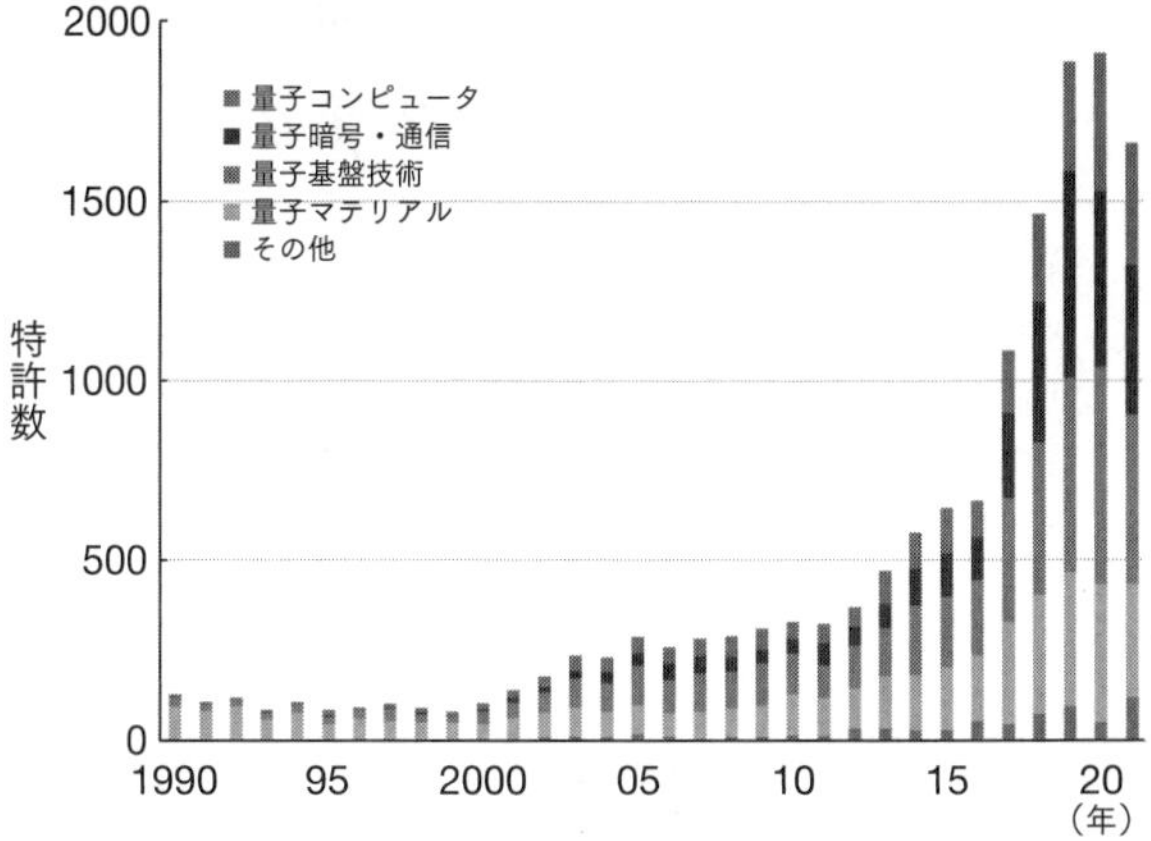

［出所］https://www.jst.go.jp/crds/pdf/2021/RR/CRDS-FY2021-RR-08.pdf

所ヤング・バーシル（Young Basile）のエリオット・メイソン氏が調査した米国と中国の特許動向によれば、量子コンピューティングにおける特許公開件数は2018年を境に急増し、2022年には前年比で5倍程度の増加が見られます（2018年の約200件から2022年には1000件以上に増加）。米中の特許公開は特許申請から18カ月後のため、どちらも継続して増加することが予想されています。

また、上位19社（上から、IBM、ディーウェーブ、ノースロップ・グラマン、マイクロソフトなど）以外に該当する、その他グループの数が急増しており、少数企業による開発ではなく、裾野拡大・イノベーション多様化が見受けられます。

なお、中国特許庁には中国企業だけでなく、一部は北米の企業（グーグル、ディーウェーブ、マイクロソフト）も申請しています。

(2) 幅広い企業・機関が特許を保有

個別の組織に目を向けると、ケンブリッジ大学・コペンハーゲン大学・スタンフォード大学の研究者が米国特許商標庁（USPTO）、欧州特許庁（EPO）の2001年から2021年を対象に調査した結果によれば、量子コンピュータの特許を保有する企業・機関には、大手IT企業だけでなく、半導体エレクトロニクス・通信企業や、防衛・航空・セキュリティ企業、量子専門のスタートアップ、大学や研究機関など、幅広い関係者が特許を保有しています（図表4－2）。

図表 4-2　量子コンピュータの特許保有企業・機関

名称	国	業種	特許数
IBM	米国	IT	254
ディーウェーブ	カナダ	IT（スタートアップ）	183
ノースロップ・グラマン	米国	軍需メーカー	120
マイクロソフト	米国	IT	111
アルファベット	米国	IT	59
リゲッティ	米国	IT（スタートアップ）	53
東芝	日本	IT	37
インテル	米国	IT	32
ハネウェル	米国	IT	26
米国政府	米国	政府	26
HPエンタープライズ	米国	IT	23
ニューサウス・イノベーションズ	オーストラリア	サービス	22
マサチューセッツ工科大学	米国	大学	20
イークワル・ワン	アイルランド	IT（スタートアップ）	16
日立製作所	日本	IT	15
科学技術振興機構（JST）	日本	研究機関(科学)	15
クオンタム・マシーンズ	イスラエル	IT（スタートアップ）	15
ワンキュービット	カナダ	IT（スタートアップ）	14
アクセンチュア	アイルランド	コンサル	12
アイオンキュー	米国	IT（スタートアップ）	12
ノキア	フィンランド	IT	12
バンク・オブ・アメリカ	米国	金融	11
エレメント・シックス	英国	製造	11
アブダビ政府	UAE	政府	11
オックスフォード大学	英国	大学	11
イェール大学	米国	大学	10

※次ページに続く

名称	国	業種	特許数
原子力・代替エネルギー庁	フランス	研究機関(原子力)	9
レイセオン・テクノロジー	米国	防衛・航空宇宙	9
シーク	米国	IT（スタートアップ）	9
エス・ティー・マイクロエレクトロニクス	スイス	半導体メーカー	9
ハーバード大学	米国	大学	8
マジキューテクノロジー	米国	IT	8
カリフォルニア工科大学	米国	大学	7
HP Inc.	米国	IT	7
日本電気	日本	IT	7
スタンフォード大学	米国	大学	7
メリーランド大学システム	米国	大学	7
ウィスコンシン大学マディソン校	米国	大学	7
キンドリル	米国	IT	6
マイターコーポレーション	米国	研究機関（政府系）	6
パラレル・インベストメント	米国	ファンド	6
QCウェア	米国	IT（スタートアップ）	6
ソウル市立大学校	韓国	大学	6
デルフト工科大学	オランダ	大学	6
ジョンズ・ホプキンズ大学	米国	大学	6
ウェルス・ファーゴ	米国	金融	6
コーニング	米国	ガラス	5
ダートマス大学	米国	大学	5
ロッキード・マーティン	米国	航空機・宇宙船	5
フェニックス	米国	製造	5
量子バレーインベストメント	カナダ	ファンド	5
サムスン電子	韓国	IT	5
カリフォルニア大学	米国	大学	5
アイメック	ベルギー	半導体メーカー	4
韓国電気技術研究院	韓国	研究機関(電気)	4
クインテッセンスラボ	米国	セキュリティ	4

［出所］https://link.springer.com/article/10.1007/s40319-022-01209-3/tables/4 を参考に著者作成

第5章

量子ゲート方式の活用事例

1　主要な取り組みと発展している分野

民間企業が中心となって大学・研究機関とともに、量子コンピュータを実務上の問題に適用する取り組みが始まっています。本章では量子ゲート方式に関する具体的な事例を紹介します。読者の皆様は事例を踏まえて、現在、量子コンピュータが実務に使える段階にどこまで近づけているのかを考えてみてほしいと思います。

図表5－1に主な取り組み事例を一覧にまとめました。机上・理論検証の左側に記載された事例は、実用化には相当の時間がかかりそうなものです。机上・理論検証の右側に記載された事例は、実務を想定した小規模な問題を解くものです。特に取り組みが先行している金融・化学・情報・製造の4つの領域に分類しており、そのうち、★印を付与した事例については本章で詳細を取り上げています。

実証実験	業務活用
該当なし	
該当なし	
該当なし	
該当なし	

図表 5-1　量子ゲート方式が活用されている分野

	机上・理論検証	（小規模な問題を解く）
金融	★オプション価格の決定（JPモルガン・チェース、IBM） ★改良した量子振幅推定による数値計算（三菱UFJFG、みずほFG、IBM）	★振幅符号化アルゴリズムの応用（三菱UFJFG、みずほFG、ソニー、三井住友信託銀行） ★HHLによるポートフォリオ最適化計算（JPモルガン・チェース） ★インデックス・トラッキングへの応用（BBVA）
化学	★材料表面上の化学反応モデリング（IBM、ボーイングなど） ★変分量子固有値ソルバーによるエネルギー計算（エクソンモービル、IBM） ●リチウム空気電池の化学反応エネルギーの計算（三菱ケミカル）	●VQEアルゴリズムによる熱力学特性の計算（エクソンモービル、IBM） ●有機EL発光材料の励起状態エネルギー計算（三菱ケミカル、JSR、IBM、慶應義塾大学） ●状態平均軌道最適化VQEによる光化学反応解析（キュナシス、大阪大学）
情報	★抽出型の文章要約（JPモルガン・チェース） ●量子回路による二分決定木の表現（フラウンホーファー、BASF） ●自己教師あり量子機械学習による画像分類（オックスフォード大学）	★量子機械学習による時系列予測（バークレイズ証券） ★量子ベイジアンネットワークの性能評価（ウィチタ州立大学、ボーイング）
製造	★車両の塗装工程最適化（バージニア大学、ゼネラルモーターズ） ●VQEアルゴリズムによる自動車材料の検討（トヨタ、キュナシス）	★量子ニューラルネットワークによる自動車画像の分類（ライデン大学、フォルクスワーゲン）

金融分野では、金利・オプションなどの時間変動を特定の金融モデルに従って予測する計算が行われています。このためにモンテカルロ・シミュレーションと呼ばれるアルゴリズムが使われており、従来のコンピュータでは長い計算時間を必要とします。一方で、量子コンピュータを活用すれば、これを高速にできることが理論的に証明されています。理論の裏付けがあるため、この領域では実用化

に向けた研究が活発になっています。現在の技術で何ができているのか、また、実用化までにどのような課題があるのかを考察します。

化学分野では、新素材の設計や材料の性質分析のために計算量が非常に大きい計算に量子コンピュータを活用することが期待されています。化学分野の計算には量子力学の法則が利用されているため、量子コンピュータと化学分野の計算は相性が良いと考えられています。

情報処理に関しては、基礎的なアルゴリズムの高速化、機械学習の高度化などへの取り組みが行われています。特に、機械学習は実務的な問題を扱えば計算量が大きくなる傾向があるため、量子コンピュータへの期待が高まっており、その応用領域は自然言語処理など数値データを扱うもの以外にも拡大しています。

製造分野は、日本国内で研究開発が盛んに行われている領域です。特に自動車関連の業界で先行しており、部品の選択や工場従業員の勤務シフト作成など、生産工場のコストを削減する最適化問題への取り組みが多く見られます。なお、この領域では第6章で解説する量子アニーリング方式の取り組みが先行しています。

2　金融領域における取り組み

(1)　オプション価格の決定（JPモルガン・チェース、IBM）

金融分野ではオプション価格を決定する計算への応用が実証実験されています。具体的には、先に触れた通り、モンテカルロ・シミュレーションと呼ばれる計算を高速化する取り組みです。これがどう役立つのかイメージしづらいと思いますので、例題を用いて解説します。

ここではヨーロピアン・コールオプションと呼ばれる種類の金融商品を例に考えます。ある金融商品の当初価格を1000円として、これを1年後に1200円で買うことができる権利のことをコールオプションと言い、1年後など特定の時期に限って権利を行使できるようなオプションのことをヨーロピアン・オプションと言います。

この金融商品の1年後の商品価格が1500円だとすると、オプションを使えば300円安い1200円で購入できるので、オプション価格が300円以下であれば利益が発生します。一方で、1年後の商品価格が800円だとすると、オプションを使わないで800円で購入すればよいので、オプション価格の分だけ損失が発生します。

このようにオプションの真の価値は1年後の商品価格によって決まります。現実にはオプション価格は事前に定める価格なので、1年後の商品価格を予測して適正なオプション価格を決める必要があります。

図表5－2上側のグラフが商品価格とオプション価格の関係を示したもので、商品価格が高くなるにつれてオプション価格を高く設定できます。商品価格が1200円以下の場合にはオプション価格はゼロになります。図表5－2下側のグラフは1年後の商品価格の確率分布の例です。これら2つのグラフで示した値を用いて、1年後のオプション価格の期待値（1年後のオプション価格×発生確率）を求めることができます。ちなみに、ここで示した例に対して期待値を計算すると約65円（＝100円×21％＋200円×11％＋……）になります。

この期待値の計算は非常に単純な例ですが、実務的には金融モデルと呼ばれる複雑な数式を駆使して、1年後の商品価格を予測します。このとき、複雑な数式を計算機上で数値的に計算する手法として、モンテカルロ・シミュレーションが使われています。

モンテカルロ・シミュレーションでは、確率的に発生し得るさまざまな条件に対して商品価格の予測を行い、その結果の平均を算出します。ここで条件の種類を増やして予測回数を

図表 5-2　オプション価格（上）と発生確率（下）

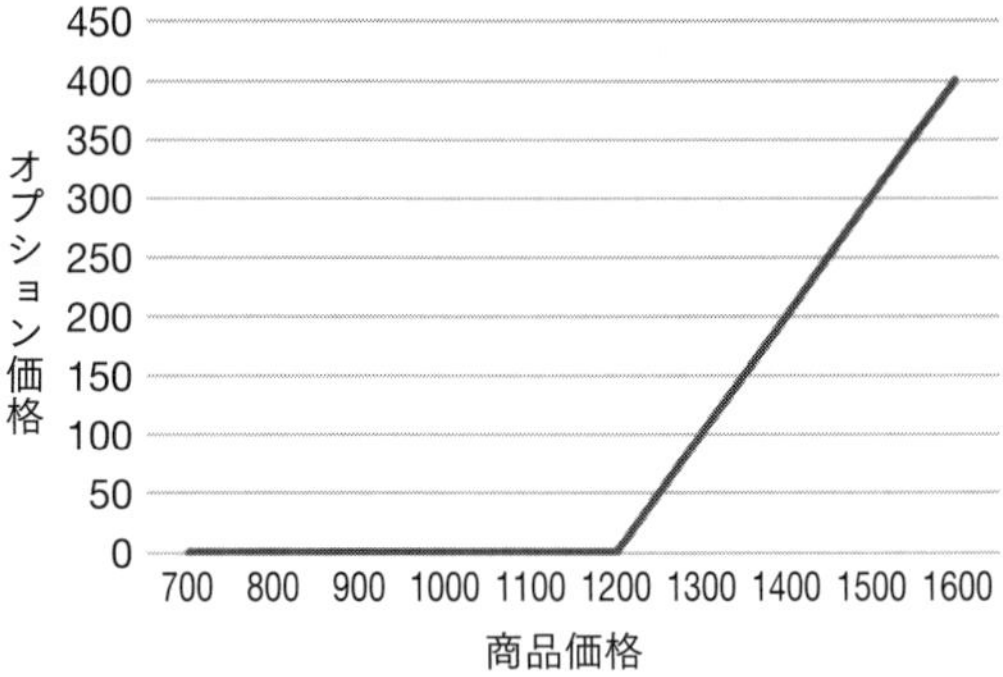

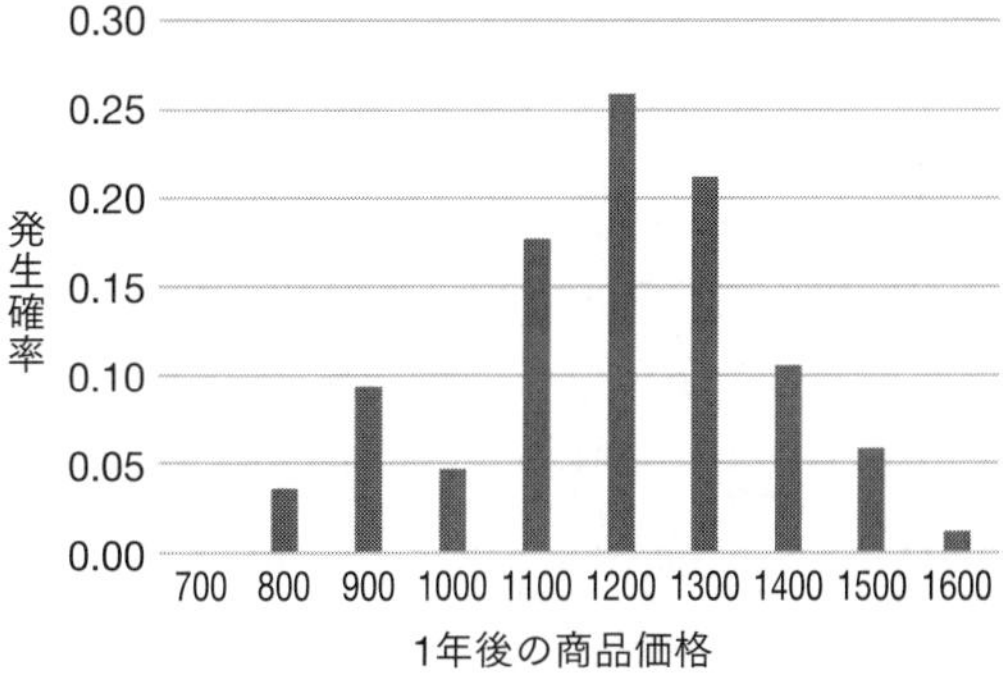

［出所］ https://qiskit.org/ecosystem/finance/tutorials/03_european_call_option_pricing.html　をもとに著者作成

増やせば増やすほど、算出される平均値が金融モデルを厳密に解いた値に近づいていくことが理論的に示されています。そのため、モンテカルロ・シミュレーションは計算の回数が多くなる（計算時間を要する）傾向があります。

モンテカルロ・シミュレーションにおける平均値の計算に関して、量子重ね合わせの性質を使って効率良く計算するアルゴリズムが存在しています。これは量子振幅推定（QAE）というもので、理想的には従来の計算機で100万回の予測計算が必要だった問題について、1000回程度の計算回数に削減することが可能だとされています。1000の2乗が100万になることから、QAEは二乗加速するアルゴリズムだと言われています。

現在、米JPモルガン・チェース、米IBMで実機による実証実験が行われていますが、まだ複雑な金融モデルを使った計算を行うことはできず、図表5－2で例示したような簡単な期待値の計算であれば動かせる程度です。IBMの実験では実機上で3量子ビットしか使っていないので、わずか4通りの予測価格しかシミュレーションできていません。

QAEは理論的に高速化が示されているので、実務へのインパクトが大きいアルゴリズムですが、課題が多くあります。ここではそのうち3点を紹介します。

1点目は、シミュレーションの精度が量子ビット数に依存していることです。現実的な用途では16量子ビット程度は必要ですが、量子コンピュータの実機ではノイズの影響でその規模で動作させることは難しい状況です。

2点目は、QAEの二乗加速では高速化の恩恵を受けられない可能性です。その理由は、量子コンピュータを使えば計算回数は少なくなるのですが、1回あたりの計算時間は古典コンピュータよりも量子コンピュータのほうが長くなることや、量子コンピュータ以外の部分で要する時間が長いためです。後者の部分の具体的な処理としては、量子コンピュータで実行可能なプログラムの構築やクラウド上にある量子コンピュータとの通信・観測結果の取得などがあります。

3点目は、実業務では例示したような1つの商品のオプション価格だけを算出するのではなく、大量の金融商品についてモンテカルロ・シミュレーションによる予測計算を行う必要があることです。大量のモンテカルロ・シミュレーションを、古典コンピュータによる並列計算より高速に実行できるかどうかはわかっていません。

⑵ 改良した量子振幅推定による数値計算（三菱ＵＦＪＦＧ、みずほＦＧ、ＩＢＭ）

オプション価格の決定で使われる量子振幅推定（ＱＡＥ）は、現在の量子コンピュータの誤り耐性が十分ではないため、現時点で正しい計算結果を得ることができません。そこで、モンテカルロ・シミュレーションのニーズが大きい金融機関を中心に、アルゴリズムを改善する取り組みが行われています。

日本国内の金融機関においてもＱＡＥを改善する研究が進められており、本取り組みはその代表例です。三菱ＵＦＪＦＧ・みずほＦＧ・ＩＢＭなどによる取り組みでは、ノイズありの小中規模量子コンピュータ（ＮＩＳＱ）で期待通りの性能が出ない原因は、ＱＡＥの内部に含まれる量子位相推定アルゴリズムにあると考え、その部分を現在の量子コンピュータで動かしやすいものに置き換えた手法を編み出しました。

本手法は量子コンピュータ実機による計算結果に誤りが含まれることを前提に、誤りを含んだ結果を統計的に分析することによって、欲しい結果（誤りがない結果）を推定できることを示しています。統計的な分析のために、結果を繰り返し取得する必要がありますが、元のＱＡＥと同等の性能、同等の数値精度で結果を導くことに成功しています。

また、米QCウェアと米ゴールドマン・サックスの取り組みでは、モンテカルロ・シミュレーションの計算速度と量子回路規模にはトレードオフの関係があることが示されました。この関係を生かして、速度重視で回路規模を大きくすることや、逆に速度を落として回路規模を小さくすることも可能です。実際にこれらの手法を駆使して、簡単な数値計算ができることも示されています。しかし、いまだ実務的な計算を実行することはできていません。

また別の観点の問題として、実務的な金融モデルに含まれる複雑な数学的演算を量子回路で実装できなければQAEによる高速化の恩恵を受けることができない、というものがあります。現状では量子回路を実装する一般的で容易な手法は存在しないため、量子回路の設計技能を持った専門家が実問題に応じて個別に回路を設計していく必要があります。

(3)　振幅符号化アルゴリズムの応用
（三菱UFJFG、みずほFG、ソニー、三井住友信託銀行）

量子ビットを使えばn個の量子ビットで2のn乗個の数値データを表現することができます。例えば、わずか20個の量子ビットを使うだけで、理想的には2の20乗（約104万）個の数値データを表現することができます。

三菱ＵＦＪＦＧ・みずほＦＧ・ソニー・三井住友信託銀行は、ＩＢＭＱネットワークで、量子状態が観測される確率の値を使った新しい符号化手法を開発しました。符号化とは、何らかの方法で数値データを量子ビットで表現することです。特にこの手法は確率振幅を使うことから、振幅符号化と言います。

符号化すること単体では実用上役に立つことはありませんが、何らかの量子アルゴリズムによって量子加速の恩恵を受けるためには、入力データを量子ビットとして用意することが必要になるので、符号化は非常に重要なアルゴリズムと言えます。符号化は、例えばモンテカルロ・シミュレーションを行う際に、対数正規分布のような確率分布として記述された入力データを与えるために使われます。また、量子コンピュータで機械学習を行う際に、入力データを効率的に表現する手法としても符号化が行われます。

量子ビット数と表現できるデータ数の関係だけを見れば、符号化は大量のデータを少量の量子ビットに圧縮できるので非常に魅力的な技術です。しかし、それを実現する量子回路を厳密に実装すると、２のｎ乗個の量子ゲートを必要とします。これでは必要な量子コンピュータの資源が膨大になるため、何とかして量子ゲート数を圧縮する必要があります。

本取り組みの符号化アルゴリズムは、データの表現精度を多少犠牲にしますが、その代わりに量子ゲート数を大幅に削減できる手法になっています。量子特異値分解というアルゴリズムと組み合わせてマクロ経済の動向を予測する指標値を計算することで、符号化の有用性を主張しています。このアルゴリズムは入力データが変わる度に量子回路を再構築する必要があるので、大量データの処理には適していません。また、S&P500銘柄を使って経済動向を予測するような規模での計算は行えず、5銘柄程度しか使っていませんが、量子コンピュータの可能性・発展の方向性を示す取り組みとして興味深いです。

(4) HHLによるポートフォリオ最適化計算（JPモルガン・チェース）

量子コンピュータをポートフォリオ最適化問題の計算に応用する取り組みが行われています。ポートフォリオ最適化問題とは、投資家にとって最適な資産の構成を選択する問題です。さまざまな問題が考えられますが、ここでは資産として株式・債券・土地・建物などを扱い、リスク（価格変動幅）をなるべく小さくしつつ、リターン（価格上昇率）が大きくなるように、資産の選択と配分を行う問題を扱います。

ポートフォリオ最適化問題の解法の1つに、マーコビッツの平均分散モデルがあります。この解法は取り扱う資産に関する将来の期待値と分散（正確には分散共分散行列）を計算しておき、分散が小さく、かつ期待値が大きい資産配分を求めます。期待値と分散がすでに求められていることを前提とすれば、この解法は連立1次方程式を解く問題に帰着させることができます。

米JPモルガン・チェースは、HHL（Harrow-Hassidim-Lloyd）と呼ばれる大規模な連立1次方程式を解く量子アルゴリズムを用いたポートフォリオの最適化に取り組んでいます。HHLは指数的な量子加速が理論的に示されているアルゴリズムであるため、理想的には古典コンピュータを使うよりも高速に最適な解を得ることができます。

しかし、HHLは量子コンピュータの実機で動かすことが非常に難しいアルゴリズムです。モンテカルロ・シミュレーションで使われる量子振幅推定アルゴリズムと同様に、HHLも内部に実機で動かすことが難しいアルゴリズムが含まれていることが主な理由です。本取り組みではアルゴリズムの改良を行うことで、HHLの内部アルゴリズムを簡略化することに成功していますが、依然として実機で動かすことはできていません。

また、HHLは問題の規模が小規模であっても、いまだ実機で解を得られるアルゴリズムではありません。ポートフォリオ最適化問題については、量子アニーリング方式や量子近似最適化アルゴリズム（QAOA）を使ったアプローチのほうが解を得られるという点で先行しています（第6章で説明）。

(5)　インデックス・トラッキングへの応用（BBVA）

ポートフォリオ最適化への取り組みから派生して、インデックス・トラッキングの最適化への取り組みも行われています。インデックス・トラッキングは、例えばS&P500銘柄の平均値と似たリターンを得られるポートフォリオを15銘柄で実現する、といったような問題を解くものです。これは500個の銘柄の中から適切な15個の銘柄を選ぶ組み合わせ最適化問題と捉えることができ、その組み合わせの総数は膨大（10の28乗通り）になります。実用的には15銘柄に削減することで、リスク（分散）とリターンをそのままにポートフォリオの管理コストを削減することができます。

組み合わせ最適化問題への取り組みは量子アニーリング方式で行われることが多いのですが、量子ゲート方式に適したアルゴリズムとして、量子近似最適化アルゴリズム（QAOA）や変分量子固有値ソルバー（VQE）があります。現状では量子アニーリング方式のほうが大規模な計算が可能で取り組み事例が多いのですが、量子ゲート方式はより複雑な問題を扱うことができるという強みがあるため、両方式とも並行して検証が進められている状況です。

スペインのビルバオ・ビスカヤ・アルヘンタリア銀行（BBVA）はQAOAやVQEを用いてインデックス・トラッキングの実証検証を行っています。本取り組みでは、15社の石油関連企業銘柄から5社を選択する計算を行っています。その選び方は全部で3000通りもありますが、実証実験の結果、15社の全体でのリターンと5社のインデックスのリターンがよく似た値を示すように、うまく選択できることがわかりました。ただし、銘柄の選択については量子コンピュータを使って導き出していますが、選んだ銘柄の量的配分については古典コンピュータを用いて算出しています。

3　化学分野における取り組み

(1)　材料表面上の化学反応モデリング（IBM、ボーイングなど）

材料表面上の化学反応モデルの量子計算を行う米IBM、ボーイングなどによる取り組みを紹介します。化学反応モデルに関する量子計算はモデルが大きく、複雑になるほど計算量が大きくなります。本取り組みはマグネシウムと水が反応する事象を題材に変分量子固有値

図表5-3　化学反応モデル

反応式：$Mg+H_2O \rightarrow Mg(OH)(H)$

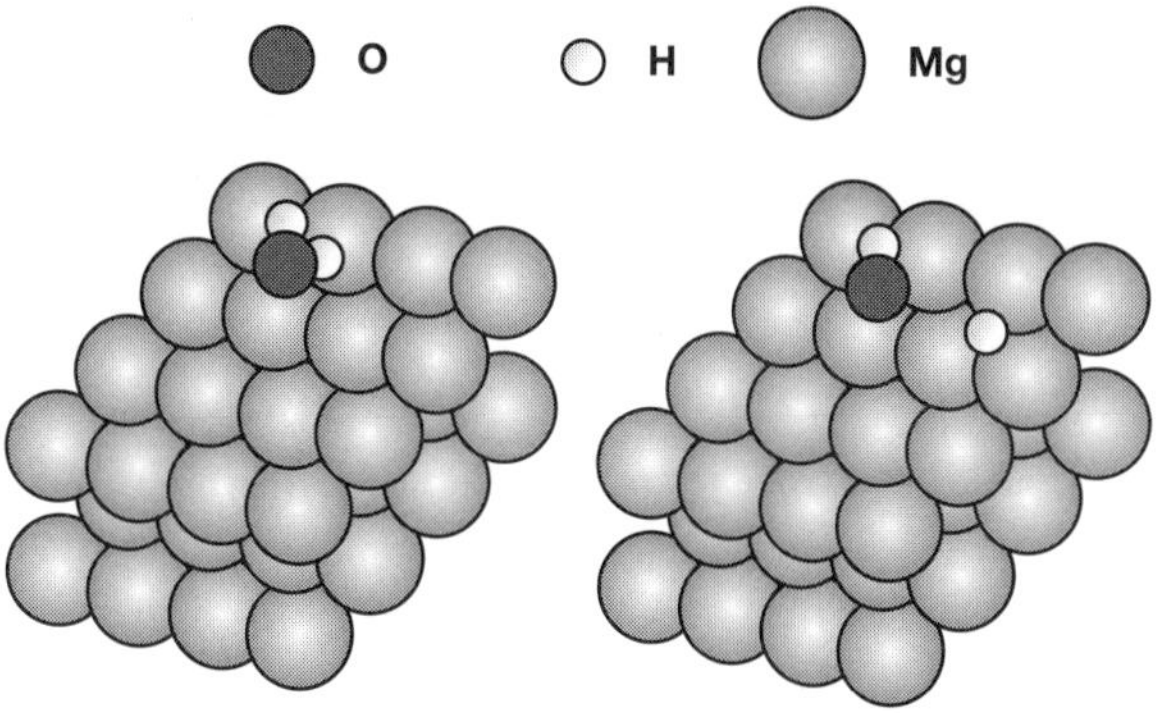

［出所］https://arxiv.org/pdf/2203.07536.pdf

ソルバー（VQE）を使った計算を行ったものです。

具体的には図表5－3に示したモデルのように、マグネシウムと水が反応することで、水が解離されて水素が吸着した状態になる（図表では水が表面に接触した左の状態から、水が解離された右の状態に遷移する）ときに放出されるエネルギーを求める問題を解きます。この問題は産業的にはマグネシウムを水素吸蔵物質とする燃料電池などへの応用に関連します。

このように分子レベルでのミクロなエネルギーを、何らかの量子力学的なモデルによって解析することを量子化学計算と言います。量子化学計算では電子や軌道の数が増えるにつれて、古典コンピュータによる計算が非常に困難になるため、量子コンピュータの活用、特に量子力学との相性が良いとされるVQEの活用が期待されています。

本取り組みでは、さらに量子化学計算におけるワークフローを提案している点でも着目に値します。そのフローとは、①古典コンピュータによる前処理、②計算を行う電子や電子軌道数の決定、③量子アルゴリズム設計、④実機を使った実験と結果の分析、の順に進めていくというものです。今後、このワークフローに従っていろいろな化学反応に関するエネルギー計算の研究が行われると思われます。

(2) 変分量子固有値ソルバーによるエネルギー計算（エクソンモービル、IBM）

英エクソンモービルと米IBMは前項で取り上げたワークフローで、熱力学特性（熱力学的平衡状態における物性）を導くための計算を行いました。このような特性を計算することは新しい化学製品の製法や素材の設計に有用です。

技術的には水素化リチウムにおけるポテンシャルエネルギー曲面（ある特定条件における化学反応のエネルギーを表現した曲面）について、VQEを使ってエネルギーが低い状態における数値計算を行いました。この計算はわずか4量子ビットの量子回路で実現できて、

ＩＢＭの５量子ビットの量子コンピュータ実機でも結果を導き出すことができています。

ほかにも、三菱ケミカルとＪＳＲ、ＩＢＭ、慶應義塾大学によるＴＡＤＦ（熱活性化遅延蛍光）材料の高エネルギー状態の計算を行う取り組みがあります。ＴＡＤＦ材料は有機ＥＬで使用される新しい発光材料の１つで、エネルギー効率が良いという特徴があります。ＴＡＤＦ材料は高エネルギー状態から低エネルギー状態に遷移するときに、エネルギーの放出とともに発光する性質があるため、そのエネルギー計算を行うことは有機ＥＬの発光原理の解析、さらには産業応用にとって意義があります。

4　情報分野における取り組み

(1)　抽出型の文章要約（ＪＰモルガン・チェース）

自然言語処理に量子コンピュータを応用しようとするユニークな取り組みを紹介します。自然言語処理は翻訳・検索・意味解析・言語生成・対話・文書要約など、技術領域が多岐にわたっています。

文書要約はさらに抽出型と生成型に分類され、抽出型は長い文章から一部の文（語句）を取り除いて、文章を短くする方式です。抽出型の方式は、例えば1000文からなる文章の長さを半分程度に要約したいときには、1000文から500文を選択する組み合わせ最適化問題と考えることができます。一方、生成型は文章が表現する意味を理解し、その内容を別の文章で表現する方式です。生成型のほうは難しく、量子コンピュータでは研究開発が進んでいません。

抽出型の文書要約は、①文章中の各文について要約後の文章に残す場合は1、残さない場合は0とする二値変数、②要約後の文章と元の文章の類似度を算出する評価式、この2点を定めることで、組み合わせ最適化問題として解くことができます。

量子コンピュータで組み合わせ最適化問題を解く工程に当てはめれば、①が符号化、②が定式化に相当し、②の評価式を最小にするような①の二値変数を求めるという手順になります。本取り組みではCNNの英文ニュースデータセットを用いて、20文を8文に要約する問題を米クオンティニュアムのイオントラップ方式の量子コンピュータを用いて解いています。

本取り組みは組み合わせ最適化問題と無関係に思われそうな文章要約という問題に対して、量子コンピュータを適用できることを示したのが興味深い点です。

(2) 量子機械学習による時系列予測（バークレイズ証券）

ＡＩ（人工知能）に関するモデルの性能を向上させるために、その一部、または全部について量子コンピュータを活用しようとする取り組みが活発になっています。ここで性能向上とは、分類や予測を行うＡＩであれば分類・予測精度の向上、生成ＡＩであれば生成されるデータ品質の向上を意味します。

ＡＩ分野に量子コンピュータを活用したい動機として、次の3点が挙げられます。①量子ビットを使うことで、従来の0または1しか表現できないビットよりも同じビット数でもＡＩモデルの性能が向上する可能性があること、②ＡＩモデルを小さくすることができ、学習に必要な計算時間を短縮できること、③特定データに対してのみ性能が良く、それ以外のデータに対しては性能が低くなる過学習と言われる事象を防止する効果が期待できることです。ＡＩの進展とともに、量子コンピュータをＡＩに活用させることへの期待が高まっています。

ニューラルネットワークは、近年の第3次ＡＩブームを引き起こすきっかけとなった深層学習で中心的な役割を果たしている要素技術です。ニューラルネットワークには用途に応じて種類があり、そのうち時系列データの予測に適したものとして、リカレントニューラルネ

図表 5-4　LSTM 予測モデル

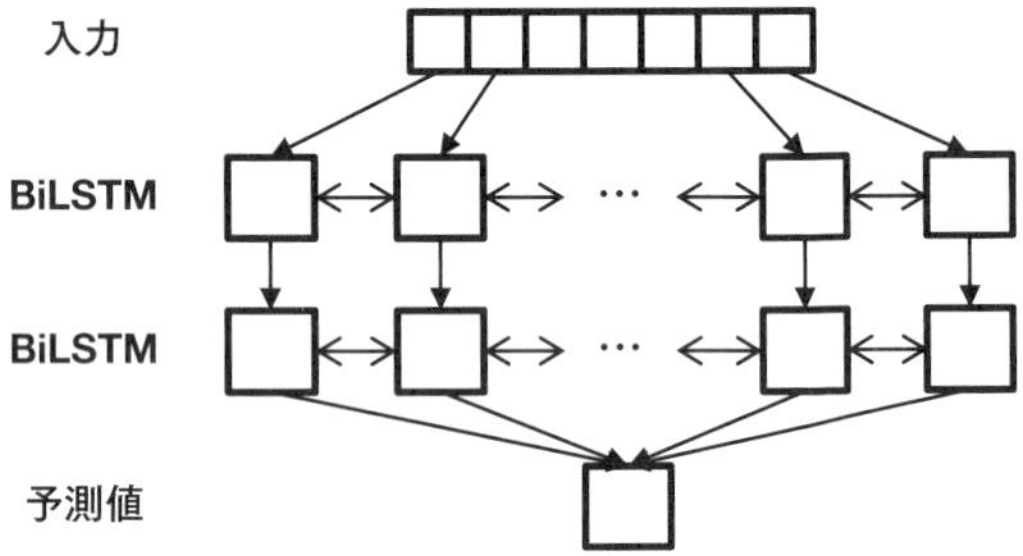

ットワークやＬＳＴＭ（Long Short Term Memory）という種類のモデルがあります。このようなニューラルネットワークと同様の機能を持つモデルを量子ビットで表現することができ、これを量子ニューラルネットワーク（ＱＮＮ）と言います。

　英バークレイズ証券は時系列データの予測問題として、米アップルの株価とビットコイン価格の短期的な変動を予測する実験を行いました。使用したＡＩモデルは図表５－4にあるＬＳＴＭで、17万のパラメータを持っています。この実験では、このＬＳＴＭと同等なＱＮＮ予測モデルを17量子ビットと、わずか96個のパラメータで実装し、モデルの精度比較をしています。過去の価格推移データを学習して将来の未知の価格を予測する実験を行ったところ、アップルの株価とビットコインの価格について、ＬＳＴＭとＱＮＮで同程度の精度で予測ができることを示しました。

最後にQNNについて、問題点を2つ指摘しておきます。1点目は、パラメータの調整は古典コンピュータで実行するため、QNNが従来のニューラルネットワークよりも高速なアルゴリズムとは限らないことです。2点目は、QNNはパラメータ数が増大して量子回路の規模が大きくなるにつれて、パラメータの調整が困難になることが知られています。その技術的な解明と対策方法はまだ十分に研究が進んでいないため、大規模なニューラルネットワークモデルをQNNで構築することは実現していません。

(3)　量子ベイジアンネットワークの性能評価（ウィチタ州立大学、ボーイング）

米ウィチタ州立大学と米ボーイングによる取り組みはベイジアンネットワークという因果推論に使われるモデルを量子コンピュータで実現するものです。

ベイジアンネットワークとは図表5－5上のように、ある事象の原因と結果をネットワークで示したもので、各原因から結果に至る条件付き確率が矢印と2個の数値で記されています。例えば、図表の左上にある金利と株式市場について「金利が上昇すれば株式市場が80％上昇、金利が下落すれば株式市場が40％上昇」といった関係があることを表現しています。

このように実務上で発生しうるさまざまな事象をベイジアンネットワークの形式で表現す

図表 5-5　ベイジアンネットワーク

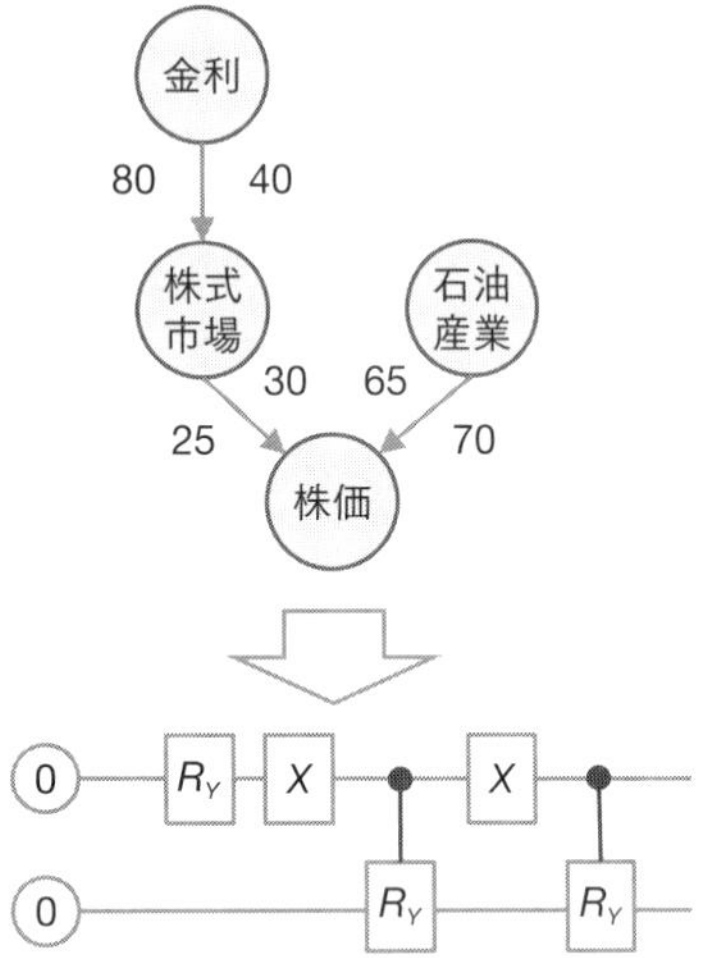

［出所］https://arxiv.org/pdf/2005.12474.pdf を参考に著者作成

ることができれば、ある事象が発生したときに、因果として引き起こされる事象を推定することができます。

量子ベイジアンネットワークの量子回路は図表5－5下のようなパラメータを持つ量子回路になっていて、パラメータの値はベイジアンネットワークに付与された条件付き確率によって自動的に決められます（図のR_Yが量子ビットを回転させる演算で、その回転角度がパラメータになっています）。つまり、ベイジアンネットワークが決まっていれば、対応する量子ベイジアンネットワークも機械的に作成することができます。

本取り組みでは簡単な例として、石油元売会社の株価に関するベイジアンネットワークを構築しています。ベイジアンネットワークは金利・株式市場・石油産業・株価で構成され、それぞれ上昇／下落の2種類の事象が存在します。これを使えば、例えば「金利が上昇するときに株価が上昇する確率」などを求めることができます。本取り組みでは「株価が下落する確率」をＩＢＭの複数の量子コンピュータ（4量子ビットの8機種と15量子ビットの1機種）実機上に実装した量子ベイジアンネットワークで求めた結果を比較する実験を行っています。

量子ベイジアンネットワークのメリットは「株価が下落する確率」は「金利が下落する、かつ株式市場が上昇する、かつ株価が下落」する確率と「金利が上昇する、かつ株式市場が上昇する、かつ株価が下落」する確率などを足し合わせて求めなければならないところを、量子重ね合わせの性質によって一度の計算で求められる点にあります。

5 製造分野における取り組み

(1) 車両の塗装工程最適化（バージニア大学、ゼネラルモーターズ）

米バージニア大学と米ゼネラルモーターズは、自動車の車両の塗装工程において、塗装作業を行う車両の順序を最適化する取り組みを行っています。車両の塗装工程では、同じ色の車種をなるべく連続して塗装することで、色を変更する作業にともなって発生するコストを削減したいニーズがあります。通常の塗装工程の最適化は、このコストを抑えるために定義された組み合わせ最適化問題を解きます。

本取り組みはさらに、車両の塗装順序によって塗装不良の発生確率に影響があるという経験則（例えば、赤から青に変更するよりも、赤から黄に変更するほうが塗装不良が起きやすいため、赤から黄への変更をなるべく避ける）も考慮しています。塗装不良は発生確率が低いものの、発生してしまえば修復に要するコストが高くなる特徴があります。この修復にかかるコストは事前に決められた車種別の固定値になっています。

本取り組みでは、コスト削減問題を組み合わせ最適化問題として定式化して、量子近似最適化アルゴリズム（QAOA）によって解いています。さらにIBMの9量子ビットの量子コンピュータ実機を使って、3つの車両の塗装順序を最適化するデモを実施しています。実は、量子アニーリング方式が得意とする組み合わせ最適化問題は（ここではわずか3両ですが）、量子ゲート方式でも解けるのです。

(2) 量子ニューラルネットワークによる自動車画像の分類（ライデン大学、フォルクスワーゲン）

オランダのライデン大学とドイツのフォルクスワーゲンの取り組みは、自動車が写っている画像を見て車種を判定する量子ニューラルネットワークのハイパーパラメータを最適化するものです（車種は2種類のみ）。

図表5－6はこの自動車画像を分類するモデルの全体像です。自動車画像をレズネット34（ResNet34）という名称のディープラーニングを用いた画像認識モデルに与えることで、画像の特徴量（画像の特徴を短いデータで表現したもの）を得ることができます。この特徴量を全結合層と呼ばれるニューラルネットワークを通して、さらにデータを圧縮します。

これを量子ビットで表現し、量子ニューラルネットワークによって車種の判定結果となる

図表5-6　自動車画像の分類モデルの全体像

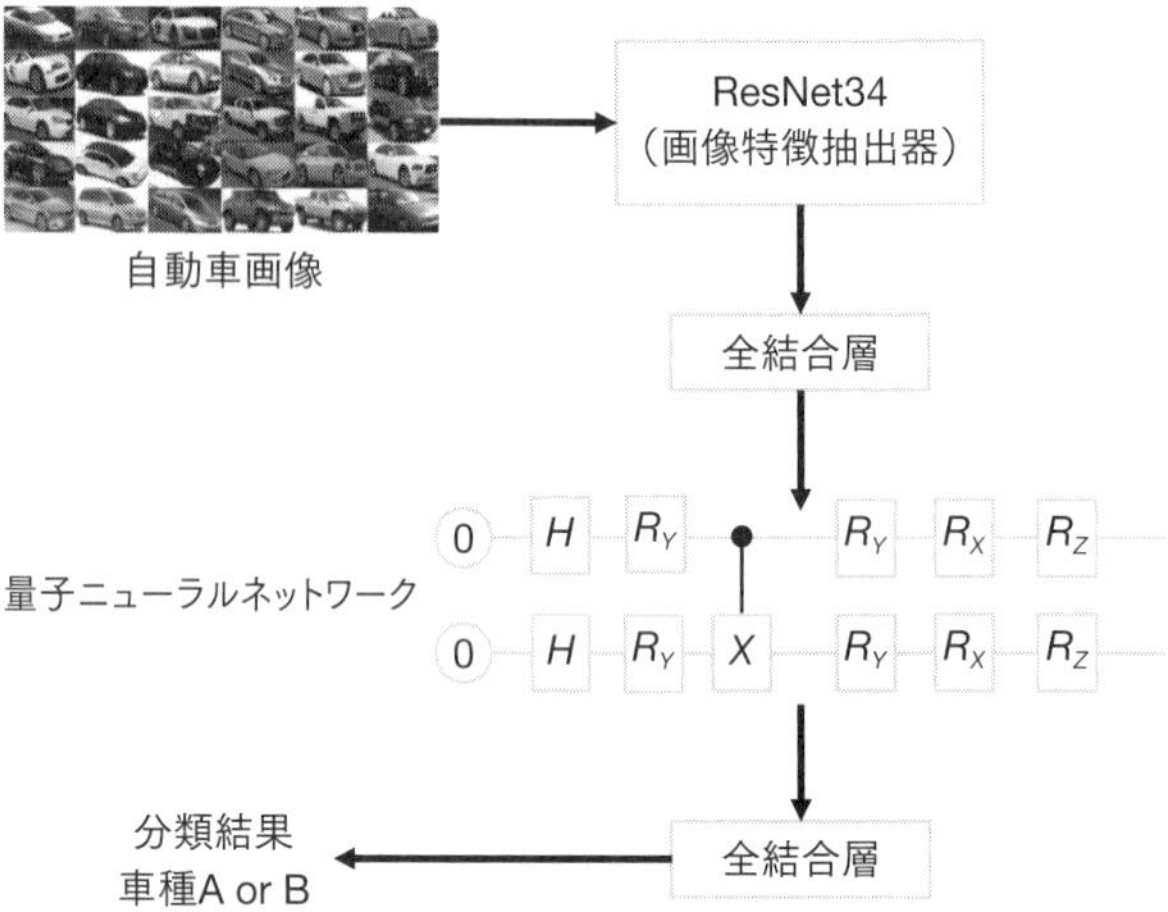

［出所］https://arxiv.org/pdf/2205.04878.pdf をもとに著者作成

量子状態を観測できるようにします。最後に別の全結合層に通すことで、観測した量子状態を車種の判定結果に変換します。

ハイパーパラメータとはモデルに関する設定値のようなもので、その値によってモデルの性質が変わります。この自動車画像を分類するモデルにはハイパーパラメータとして、量子ニューラルネットワークにおける量子ビット数・量子ゲート層の数などがあります（図表では量子ビット数2、量子ゲート層数5になっています）。

本取り組みでは最適なハイパーパラメータを求めることが主眼ですが、量子コンピュータの利用法として画像の分類があるということを紹介するために取り上げました。

ここで読者の方はレズネット34を使わずに画像の特徴を直接量子ビットで表現して、量子回路の観測結果から車種の判定をすればよいのではないか、と疑問を持たれる方もいると思います。残念ながら、画像データは容量が大きすぎて、たかだか10量子ビット程度では表現することが困難なのが現状です。

6　いつ実用化されるのか

最後に、本章で紹介した活用事例における今後の発展や実用化の可能性を述べます。量子コンピュータ実機で検証ができる事例は、ノイズあり小中規模量子コンピュータ（NISQ）で動いているため、著者としては、今後の発展や実用化の可能性が高いと考えています。反対に、実機での検証さえ困難な取り組みは実用化の時期がかなり遠いとみなしています。

本章で解説した金融分野の事例では、オプション価格の決定のみが実機を使った検証を行っており、今後の発展や実用化の可能性が高いと思われますが、ほかの事例は実機での稼働が明確には確認できないため、実用化の時期は遠いと予想されます。

化学・情報・製造分野については、実機検証ができる事例を多く紹介しています。量子機械学習による時系列予測と、量子ニューラルネットワークによる自動車画像の分類の2事例を除いて、実機で検証されています。

検証に利用したハードウェアについては、IBMの超伝導方式が最も多くなっています。この傾向はしばらく継続すると思われますが、2022年頃からイオントラップ方式の取り組み事例も増えてきています（本章では抽出型の文書要約の事例がイオントラップ方式を使用）。

COLUMN

金融分野の量子アルゴリズム

金融分野ではモンテカルロ・シミュレーションにおいて、量子振幅推定アルゴリズム（QAE）によって、従来の古典コンピュータでは100万回の予測計算が必要だった問題に対して、量子コンピュータを使えば1,000回程度の反復計算に削減することが可能と説明しました。ここでは、なぜ量子コンピュータで高速にできるのかについて考えてみます。

量子コンピュータによるモンテカルロ・シミュレーションの計算手順は、①符号化によって入力データを量子ビットで表現、②量子回路によって価格変動などの予測を行う演算を実行、③演算結果を期待値として取得する、という順序になります。

量子コンピュータで量子重ね合わせをうまく使えば、図表5-2下側のようなデータをそのまま入力することができます。具体的には、①で「1年後の商品価格が800円になる確率が4%で900円になる確率が9.5%…」といった確率的な条件を入力することができます。

この入力に対して、②で図表5-2上側で求められるオプション価格を掛け合わせる演算を実行すれば、③で1年後のオプション価格の期待値を取得することができます。実は①〜③の処理を一度だけ実行すれば、期待値を得ることができるのです。

しかし、③で信頼できる数値精度で結果を得ることが重要です。そのためには、原理的に③を反復実行しなければならないことがわかっています。実際には③だけを反復することはできないので①〜③全体を反復することになりますが、その反復回数は古典コンピュータの計算回数よりも少なくてよいことがわかっています。

COLUMN

化学分野の量子アルゴリズム

化学分野で量子コンピュータの活用が期待されている量子化学計算は、数学的には行列の固有値問題を解くことに分類されます。固有値問題については「そんな問題があるのか」程度の認識でかまいません。

大規模な行列の固有値を求める計算は難しい問題とされていて、古典コンピュータにおいてQR法やランチョス法など、問題に応じて多くのアルゴリズムを使い分けて計算しています。どのアルゴリズムも厳密な解を計算することはできず、近似解を求める計算ですが、それでも計算時間は長く、概算で行列の大きさの3乗に比例するとされています。近似解の精度を高くするほど計算時間が増大し、100万×100万規模の行列になるとスーパーコンピュータを用いても長い時間を要します。

変分量子固有値ソルバー（VQE）も、古典コンピュータで使われているアルゴリズムと同じ特徴を持っていて、近似解を計算するアルゴリズムです。解きたい問題によっては良い近似解が求められることもあれば、求められない場合もあります。どのような問題に対してVQEが適しているのか、まだわかっていないのが現状です。そこで、VQEの量子回路の改良はもちろん、VQEを使って解くのに適した問題を探す取り組みが行われています。

COLUMN

情報・製造分野の量子アルゴリズム

代表的なアルゴリズムとして、量子ニューラルネットワークと量子サポート・ベクター・マシン（QSVM）があります。それぞれ、古典コンピュータにおけるニューラルネットワークと SVM の量子版と言えるものです。ニューラルネットワークは近年の AI ブームの基礎となるアルゴリズムで、分類・回帰・生成などさまざまな用途に使われています。SVM は主にデータの分類に使われるアルゴリズムです。量子版のアルゴリズムも同じ用途で利用できます。

ニューラルネットワークは人間の脳の神経回路（ニューロン）のつながりを模したモデルです。実用上は、ニューロンが大量に複雑に結合されたモデルが使われますが、単体のニューロンはシンプルな線形変換を行う機能しか持っていません。一方、量子ニューラルネットワークは量子ビットと、量子ビットを回転させるゲート演算、量子もつれを起こすゲート演算で構成されていて、非線形な変換を行うことができます。

SVM はカーネル法という方法を用いて、非線形なデータ分類を行うアルゴリズムです。QSVM はカーネル法を量子回路に置き換えて、より広範な非線形データ分類を行えることを狙ったものです。

いずれの量子アルゴリズムも非線形な事象を扱えるようにすることで、精度の高いデータ分類の実現を目指します。量子コンピュータを使うことで、高速化が実現されるものではないことに注意してください。

第6章 量子アニーリング方式の活用事例

1　主要な取り組みと発展している分野

本章では量子アニーリング方式に関する具体的な事例を紹介します。量子ゲート方式とは異なり、量子アニーリング方式は実務活用を見据えた取り組みも存在しています。

図表6－1で左側に記載している取り組みは机上・理論検証の段階で、右に行くにつれて実務に近い取り組みになり、最も右側に記載されている取り組みは商用サービスとしてリリースされています。量子ゲート方式と同じ業種の企業を中心に取り組みが行われているため、領域を金融・化学・情報・製造と流通の4つに分けています。そのうち、★印を付与した事例については本章で詳細を取り上げています。

金融分野ではポートフォリオ最適化への取り組みが複数の金融機関で行われています。これは量子コンピュータの活用に向けた取り組みの中でも、最も早くから行われてきた取り組みです。多くの取り組みが第5章の量子ゲート方式の事例でも取り上げたマーコビッツの平均分散モデルにもとづいていますが、いまだ実用的な資産の数と数値の精度で最適化を行うことができていません。近年は、マーコビッツよりも複雑なモデルへのチャレンジが進めら

図表 6-1　量子アニーリング方式の取り組み事例

	机上・理論検証	実証実験	業務活用
金融		★リバースストレステスト（HSBC） ★ポートフォリオ最適化（1QBit、ナットウェスト銀行、ライファイゼン銀行など） ★株式のポジション予想（野村アセットマネジメント、東北大学） ★資産価値の変動予測（上海大学など） ★債券アービトラージの最適化（1QBit） ●不正取引検知（三井住友FG、日本総研、NEC）	該当なし
化学	★材料設計パラメータの調整（東京大学、早稲田大学、NIMS） ●分子の構造類似度算出（富士通）	★複合ポリマーの安定構造探索（慶應義塾大学、フィックスターズ、早稲田大学）	該当なし
情報	★時系列データのクラスタリング（フォルクスワーゲン、ライデン大学） ●探索アルゴリズム（ロッキードマーティン）	●非負二値行列分解（ロスアラモス国立研究所、NTTデータ、お茶の水女子大学など）	★テレビCMの配信最適化（リクルートグループ）
製造流通	●自動車塗装工程の順序最適化（フォルクスワーゲン、ライデン大学） ●フォトニック結晶レーザーの構造最適化（京都大学、慶應義塾大学、早稲田大学）	★交通最適化（フォルクスワーゲン、ディーウェーブ） ★航空貨物の配置最適化（エアバス）	★人員配置最適化（住友商事、日立、グルーヴノーツなど）

れているものの、実証実験に留まっています。

それ以外の取り組みとしては、株価などの資産価格の変動予測があります。こちらは機械学習で時系列データの変動を予測するモデルの一部を、量子アニーリング方式で解けるようにするものです。

化学分野では、材料設計や新素材の探索において、候補となる材料の探索やパラメータの値の最適化に応用できると考えられています。ブラックボックス最適化という機械学習の技術を取り入れた試みも登場しています。この分野では、試作品を作って期待通りの性能が出るかどうかを実験するコストが非常に大きいため、事前に候補材料を絞ってほしいというニーズが非常に強く、量子コンピュータへの期待が大きい領域です。

情報分野では、組み合わせ最適化問題として定式化された人員配置問題に取り組む企業が複数存在します。この問題は量子アニーリング方式の事例の中で最も実務に近く、実用化を開始した企業もあります。人員配置問題の類似問題として、工場における資源配置などの最適化問題も取り組まれています。

製造と流通の分野でも、組み合わせ最適化問題を応用して交通問題に取り組む事例があります。渋滞を軽減するための経路選択やカーシェア配置の最適化問題などがあり、情報分野と並んで実務に近い取り組みです。人員配置問題の類題として、物流倉庫における物資の配置最適化の取り組みも進んでいます。

2　金融領域における取り組み

(1)　リバースストレステスト（HSBC）

金融業務は社会情勢の変化、マクロ景気の悪化、保有する資産価値の急落、金利の急激な変動などさまざまなリスクに影響を受けます。そこで各金融機関は、このような金融市場に影響を与えるストレスシナリオ（リスクファクター）を複数設定して、リスクが顕在化した際に業務遂行に与える影響を定量的に評価・検証しています。これをストレステストと言います。

リバースストレステストはストレステストと逆に、業務に影響を与える可能性のあるストレスシナリオを推定することです。ここで、定量的な評価を行うために、統計的なリスク予測モデルを利用して、過去の業務から得られたデータを用いた数値計算によって業務影響を算出します。

英HSBCは、リバースストレステストの計算を量子アニーリング方式で高速化する取り組みを行いました。具体的にはリスク予測モデルの数値計算に量子アニーリング方式を活用しています。以下、リスクの値を目的変数、ストレスシナリオを説明変数と記述します（一般に、予測される値を目的変数、予測結果に影響を与える変数を説明変数と言います）。

まず、量子アニーリング方式で計算するために、ストレステストの算出式を定式化する必要があります。定式化においては説明変数をイジング変数（量子ビット）に置き換え、問題に合わせて目的変数を調整します。例えば、業務影響を小さく抑制するストレスシナリオを求めたい場合は、目的変数を最小にする説明変数を求めます。業務に一定のインパクトを与えるストレスシナリオを求める場合には、目的変数を固定値にします。

次に、イジング変数を使ってリスク予測モデルを表現します。リスク予測モデルは複雑な数式である場合がほとんどで、これをそのまま量子アニーリング方式で扱うことはできません。そこで同社は、リスク予測モデルを量子アニーリング方式で扱える2次関数形式で近似するアプローチを行っています（数学的にはテイラー近似です）。この近似によって量子アニーリング方式でストレスシナリオの候補を洗い出すことができます。

ただし、本取り組みは近似の精度が実務的に妥当だということを検証することが必須で、これが大きな弱点になります。一方で、リバースストレステストのような難しい逆算問題にも量子コンピュータが使えることを示した点では大きな意義のある取り組みだと言えます。

(2) 株式のポジション予想（野村アセットマネジメント、東北大学）

株式取引で収益を得ようとする投資家は、将来の株価の値動きを予測して、ロング（買い）・ショート（売り）のポジションを決定します。株価予測は大変難しい問題ですが、ここでも量子アニーリング方式を活用した取り組みが行われています。

野村アセットマネジメントと東北大学は、日本のＴＯＰＩＸ５００に属する株式銘柄について、ある時点の収益率・配当利回りなど10の指標を入力して、将来のある時点において価格が上昇するか、下落するかを予測する機械学習モデルを作りました。使用したモデルは制限ボルツマンマシンで、学習および推論の計算過程でモデルからデータをサンプリングするときに、量子アニーリング方式を使用しています。

実証実験の結果、ＴＯＰＩＸ５００に対して実際の株価の上昇、下落をある程度予想できることがわかりました。本取り組みと同様に、制限ボルツマンマシンが活用できそうな問題がほかに見つかれば、量子アニーリング方式を活用できる可能性があります。

しかし、機械学習分野でニューラルネットワークがよく使われる一方で、制限ボルツマンマシンがほとんど使われていないことから、ほかの類似事例はあまり増えていません。

(3) 資産価値の変動予測（上海大学など）

グラフは、複数のデータの間にある関係を可視化するのに適したデータ構造です。データサイエンスの分野において、グラフを分析することで、データ間にある未知の潜在的な関係性を予測します。このとき、グラフ理論と言われる領域のアルゴリズムを活用します。

中国の上海大学量子人工知能科学技術研究センターは、金融ネットワークというグラフの一種を使って、企業の資産価値の毀損を予測する計算を行いました。

金融ネットワークとは、企業間の関係を図表6－2のようなグラフで表現したものです。グラフ中の英大文字AからDで記されたものは企業を、英小文字aからdで記されたものは資産を表しています。企業間を結ぶ実線は取引関係を、企業と資産の間を結ぶ破線は資産の所有を表しています。このような金融ネットワークは、ある資産の価値が毀損した場合に、どの取引先企業にまで重大な影響を及ぼすのかを予測するなどの目的で活用されます。

本取り組みでは企業数＝3、資産数＝7の金融ネットワークについて、各企業がどのよう

図表6-2　金融ネットワークの例

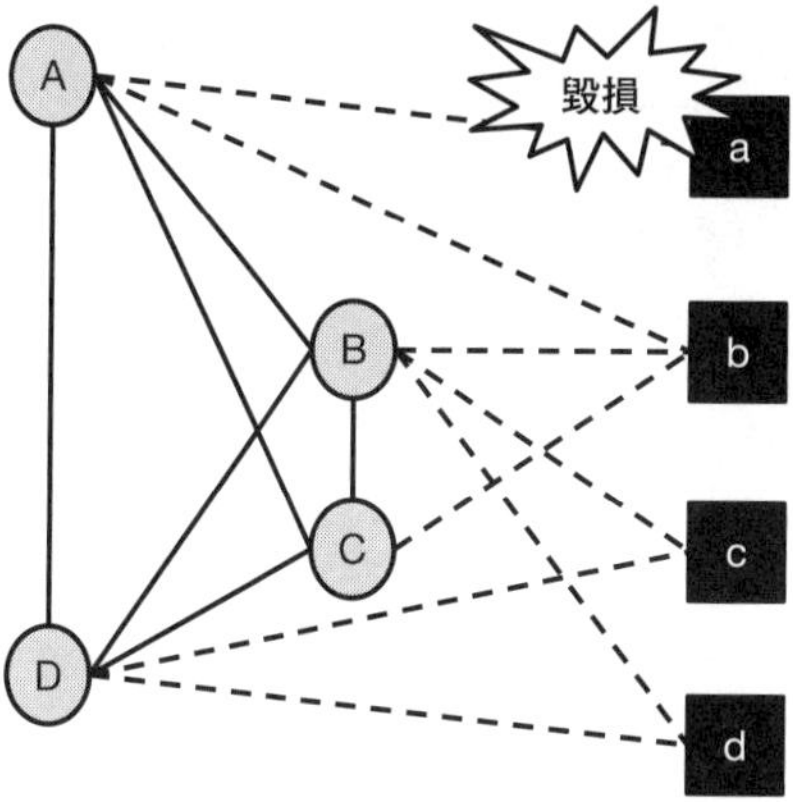

［出所］https://arxiv.org/pdf/1904.05808.pdf を参考に著者作成

な割合で資産を保有すればよいかを量子アニーリング方式を用いて求めました。この問題は企業と資産の数が増えるにつれて、計算量が膨大になっていきます。現在は小規模な問題しか解けませんが、将来大規模な金融ネットワークに対して計算できれば、現実問題に適用して企業の資産価値が毀損した場合の影響を計算できるようになります。

(4)　ポートフォリオ最適化（1QBit、ナットウェスト銀行、ライファイゼン銀行など）

投資家にとって、高い収益を得ながらも、リスクを低減するような資産の構成（ポートフォリオ）を選択することは重要な課題です。このポートフォリオ最適化問題は、投資対象となる資産とその配分量を求める計算になります。

第5章で量子ゲート方式のポートフォリオ最適化への応用について紹介しましたが、同様の取り組みは量子アニーリング方式で先に行われています。方式が違うので単純な比較はできないものの、量子ビット数が多い分だけ量子アニーリング方式のほうが先行しています。

量子アニーリング方式でこの問題を解く場合、各資産について、ポートフォリオに含めるか、含めないかをイジング変数（量子ビット）で表現します。そして、分散を小さく、かつ収益の期待値が大きくなるような数式を組み立てます。

類似の問題設定として、資産を一定金額分だけ購入するか売却するかを選択する問題として解くこともあります。本書執筆時点では、量子アニーリング方式は量子ゲート方式よりも多くの資産数を扱うことができています。

ここで、量子アニーリング方式を使って資産の選択を行っていますが、配分量までは求めていないという点に注意が必要です。もちろん使用する量子ビット数を増やすことで、配分量として任意の数値（例えば0~100までの整数など）を求めることは可能ですが、良い解を求められる確率が小さくなります。この理由は、量子アニーリング方式では量子ビット数が増えるにつれて観測される解の種類が増大し、どの解が最適なのかを判別することが難しくなるためです。著者自身、量子ビット数が増えると解が求まらないことを実験で痛感した経験があります。

ここまで述べてきた事例はマーコビッツの平均分散モデルによる方法を用いています。一方で、カナダのワンキュービット（1QBit）の取り組みは階層的リスクパリティという、より新しいポートフォリオ最適化方法を使っています。階層的リスクパリティとは、直感的には、ある条件を満たすような資産の並び替え操作を量子アニーリング方式で行っているという認識でかまいません（正確にはブロック対角化という計算を行います）。しかし現状、量子コンピュータによって階層的リスクパリティのすべてを計算することはできないため、一部の計算のみを対象とします。

このようにすべての計算を量子アニーリング方式で解くのではなく、計算時間が長い一部の処理のみを量子アニーリング方式で解くというアプローチがあります。

そのほか、英ナットウェスト銀行、オーストリアのライフファイゼン銀行などもポートフォリオ最適化の取り組みを進めています。

⑸ 債券アービトラージの最適化（1QBit）

アービトラージとは、例えば各種通貨の外国為替相場が定まっているとき、一時的に生じた通貨間の価格差を発見して収益を得ようとする取引です。その性質上、収益を得るためには高速な計算が求められます。

本取り組みはカナダのワンキュービットの事例で、図表6－3のようなグラフで外国為替が表記されるときに、日本円（JPY）から米ドル（USD）に相互変換する最も高い経路を探索する問題を量子アニーリング方式を活用して解いています。

定式化については概略の説明に留めます。まず、問題を解くためにグラフの枝（矢印）の数と同数のイジング変数（量子ビット）を用意します。図表6－3の場合、20個のイジング変数が必要です。そして、各枝にイジング変数を割り当てた後に、枝に付与された為替レートおよび各種取引手数料の値を用いて、日本円から米ドルに変換するときに必要な金額の総和を求める数式を作ります。

ほかにも考慮すべき点がありますが、量子アニーリング方式を用いてこの数式の値を最大にするイジング変数の組み合わせを求めることができれば、例えば図表の太矢印で示したような最適な経路が導き出されます。

図表 6-3　アービトラージ最適化の問題例

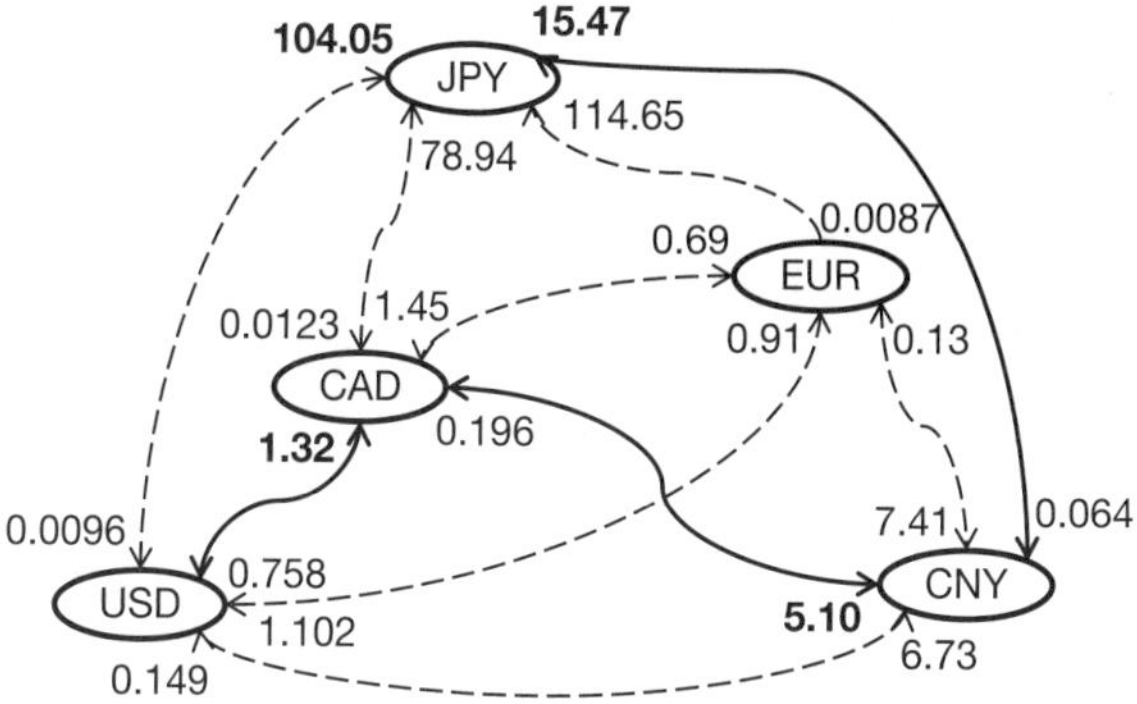

USDからJPYへ直接変換すると104.05円/$ですが、
太線の経路でUSD→CAD→CNY→JPYの順に変換すると
104.14円/$（＝1.32×5.10×15.47円/$）になります。

［出所］http://1qbit.com/files/white-papers/1QBit-White-Paper-%E2%80%93-Finding-Optimal-Arbitrage-Opportunities-Using-a-Quantum-Annealer.pdf

3　化学分野における取り組み

(1)　材料設計パラメータの調整（東京大学、早稲田大学、NIMS）

材料設計分野においては、設計を行った材料を実際に試作して、実験によってデータを取得するという作業が重要です。しかし、材料の作成には多大な時間と費用を要します。このような事情から、なるべく数値計算によって最適な設計を行うことで、実験回数を減らしたいというニーズがあります。

東京大学、早稲田大学、物質・材料研究機構（ＮＩＭＳ）は、ファクタライゼーションマシン（Factorization Machine）という機械学習モデルに量子アニーリング方式を適用すると、ブラックボックス最適化という最適化方法を効率良く実行できることに着目した取り組みを行いました。ブラックボックス最適化は、最適化したい数式が具体的にわかっているわけではないが、実験によって最適化したい指標値を観測することは可能だという場合に使える手法です。仕組みがブラックボックスになっているものに対して最適化を行うことが特徴です。

本取り組みでは、図表６－４のような構造を持つ物質の熱放射特性について最適な材料構造を求めています。図表６－４で薄い灰色で示された部分がアクリル樹脂（ＰＭＭＡ）、濃い灰色が二酸化ケイ素（ＳｉＯ^{2}）、白色がシリコンカーバイド（ＳｉＣ）を表していて、それらがどのように配置された物質が優れた材料構造なのかを探索する実験を行いました。その結果、従来の単純な最適化手法と比べて少ない観測回数で良い材料構造を求められることがわかりました。

図表6-4　物質構造の符号化

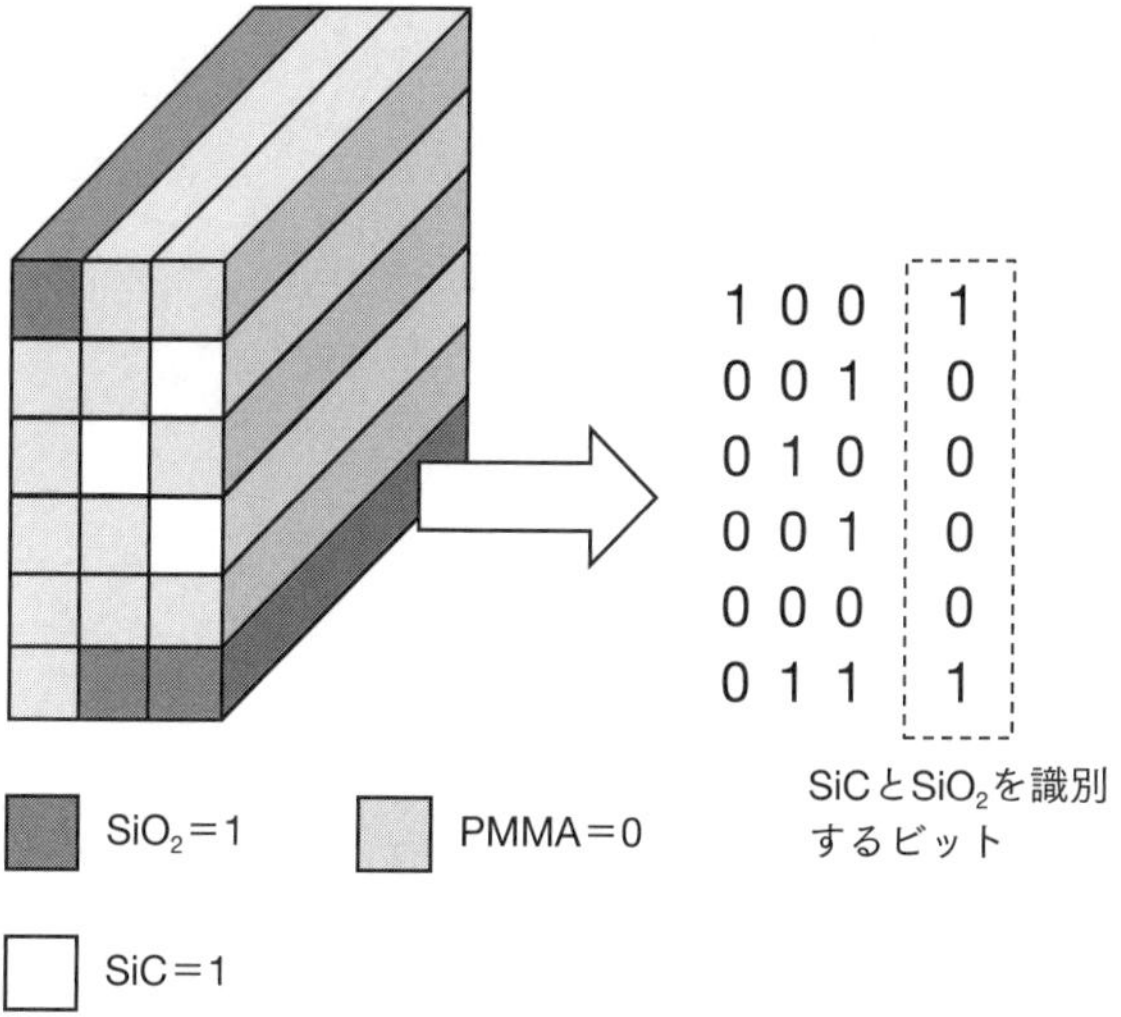

［出所］https://journals.aps.org/prresearch/abstract/10.1103/PhysRevResearch.2.013319

(2) 複合ポリマーの安定構造探索
（慶應義塾大学、フィックスターズ、早稲田大学）

複合材料とは2つ以上の材料を組み合わせることで、単一材料では実現できない性質を持った材料で、炭素繊維強化プラスチックが代表例です。複合材料の設計過程においては、各材料のミクロな構造を数値計算によって解析する必要があります。この数値計算は複雑で計算量が膨大になりやすいため、高速に計算したいというニーズがあります。

慶應義塾大学、フィックスターズ、早稲田大学はジブロックポリマー（2種類の分子を重合させた高分子体）という素材の構造解析計算をイジングモデルによって高速に行いました。

材料開発の分野において、フェーズフィールド法と呼ばれる高精度な構造解析手法がありますが、計算時間が非常に長いことが課題です。フェーズフィールド法の計算式は複雑な偏微分計算ですが、本取り組みはこれを有限差分法で近似するなどの工夫を行い、量子アニーリング方式で扱える2次形式の数式にしました。その結果、許容可能な計算精度で、従来よりも数千倍高速に計算を行うことができました。

4 情報分野における取り組み

(1) 時系列データのクラスタリング（フォルクスワーゲン、ライデン大学）

時系列データとは、データの属性として時刻情報を持ち、時刻とともに変化するデータのことで、1日の気温の変化、円ドル為替レートの変化、工場の日別生産数量などがあります。また、クラスタリングとはデータから特徴量を算出し、類似したデータをグループ分けすることを言います。時系列データのクラスタリングは、データの将来の変化予測、周期性の発見、異常検知などに役立ちます。

ドイツのフォルクスワーゲンとオランダのライデン大学は、量子アニーリング方式を用いて時系列データのクラスタリングを行うアルゴリズムを考案しました。本取り組みは半教師あり学習と言われるクラスタリング手法を用いていて、事前にAとBの2クラスに分類された教師データを用意しておき、Aに似た特徴を持つデータをクラスAに、Bに似た特徴を持つデータをクラスBに分類します。

アルゴリズムの概要としては、図表6－5のように時系列データを波の形状に応じて文字列に変換し、その文字列の類似度によってクラスを判定しています。ここで文字列の類似度を計算するために、量子アニーリング方式を使っています。

本取り組みでは、時系列データのクラスタリングの実証実験として具体的に2つの問題を解いています。①チャイナタウンの歩行者数の時系列データに対して、平日のデータと休日のデータの2クラスに分類する問題、②俳優の体の動きのデータに対して、レプリカ銃を構えて撃つ動作をしているデータと、銃を持たずに指で撃つ動作をするだけのデータの2クラスに分類する問題、の2つです。これら問題は教師データが数十個、テストデータが数百個の小規模なものですが、良い結果を出すことができています。

図表6-5　時系列データの特徴抽出

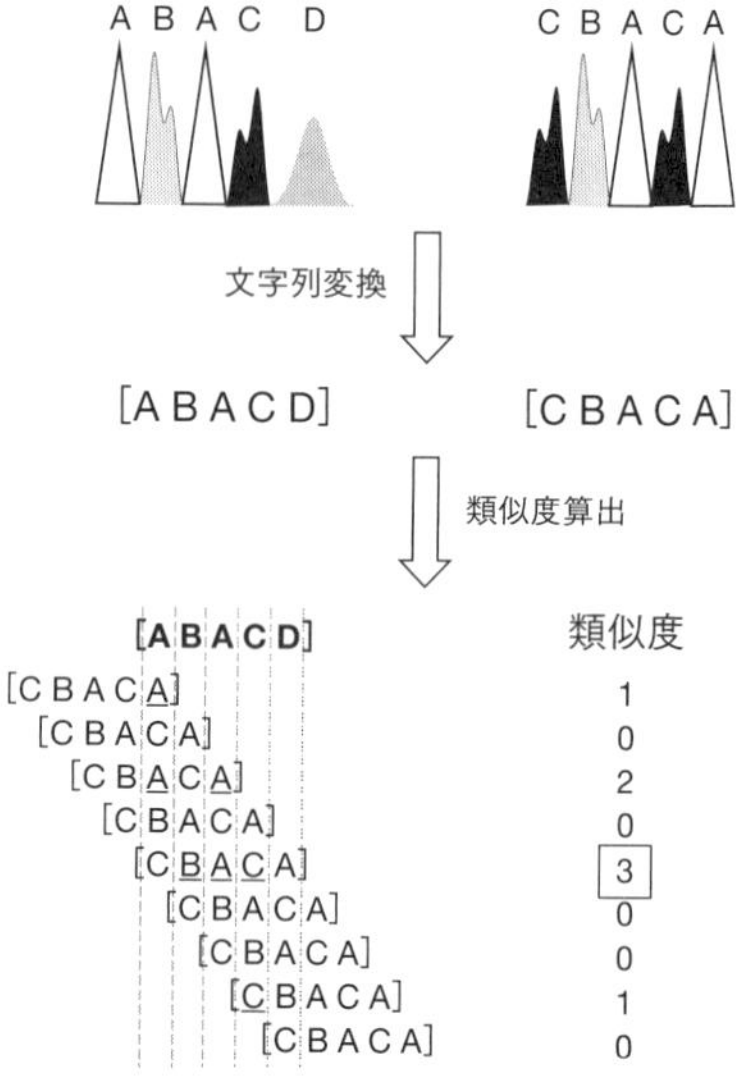

［出所］https://arxiv.org/pdf/2006.11031.pdf

(2) テレビCMの配信最適化（リクルートグループ）

リクルートグループはテレビCMをどの放送局のどの時間帯に放送すればよいかを求める問題に取り組みました。この問題は、すべてのCMをN回以上見るサンプル視聴者数を最大化するという最適化問題として定式化することができます。

前提として、各テレビ局の時間枠について、サンプル視聴者がCMを見る確率が図表6－6のように事前にわかっているものとします。図中で色が濃い枠は視聴者

図表6-6　テレビCMの放送枠

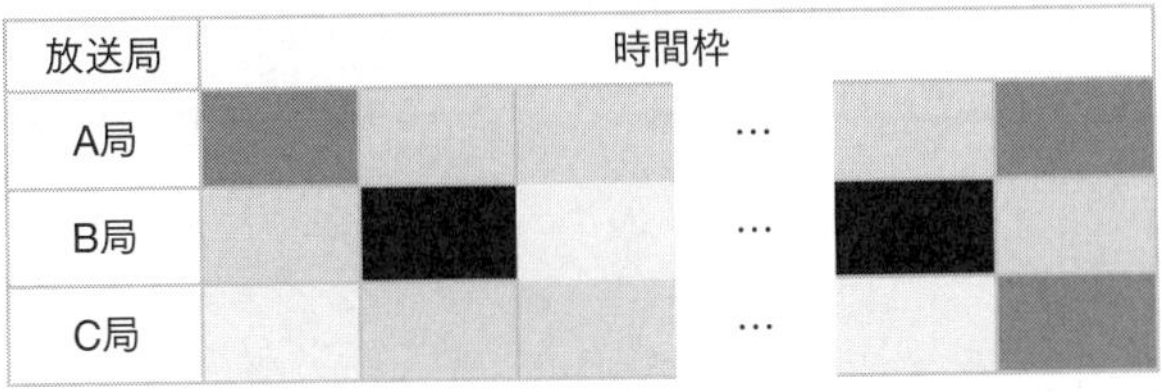

［出所］https://www.youtube.com/watch?v=GRpl2QQumLU を参考に著者作成

数が多い枠で、逆に色が薄い枠は視聴者数が少ない枠になっています。色が濃い枠になるべく多くのＣＭを放送したいところですが、枠には限りがありますので色が薄い枠も使ってうまく配分する必要があります。

本取り組みでは、５００人規模のサンプル視聴者に対する最適化を行っています。

5　製造・流通分野における取り組み

製造・流通分野では、担当者が勘と経験に基づいて最適な組み合わせを求めているような作業を効率化する取り組みが行われています。ここで紹介する事例はすべて、業務作業を組み合わせ最適化問題として数式で表現します。

(1) 交通最適化（フォルクスワーゲン、ディーウェーブ）

ドイツのフォルクスワーゲンとカナダのディーウェーブは北京市の約1万台のタクシーのGPS移動履歴データ（オープンデータ）を使って、なるべく渋滞が発生しないような経路を選択する方法を考案しました。

この方法の概要は次の通りです。まず、データからタクシーを418台選んで、各タクシーについて出発地・目的地・目的地まで経路（3通り）を事前に決めておきます。経路の総数は1254になります。続いて、各経路につき1個の二値変数（QUBO）を割り当て、図表6－7のイメージで重複する経路の長さを定式化します（図表に表示している2経路が選択されれば、長さ3の重複が発生するものとします）。その後、量子アニーリング方式を使って、各タクシーが経路を1個選択するという条件で、重複する経路の長さが最小となるQUBOの値を求めます。

その結果、経路の重複が少ない（＝渋滞が少ない）経路を選択できます。すべての車両が目的地を共有して最適な経路を計算した後に、実際にその経路で走行するという一連の流れを行うことは現実的ではありませんが、工場や倉庫内のような限定された環境においては有用な可能性があります。

図表6-7　重複する経路

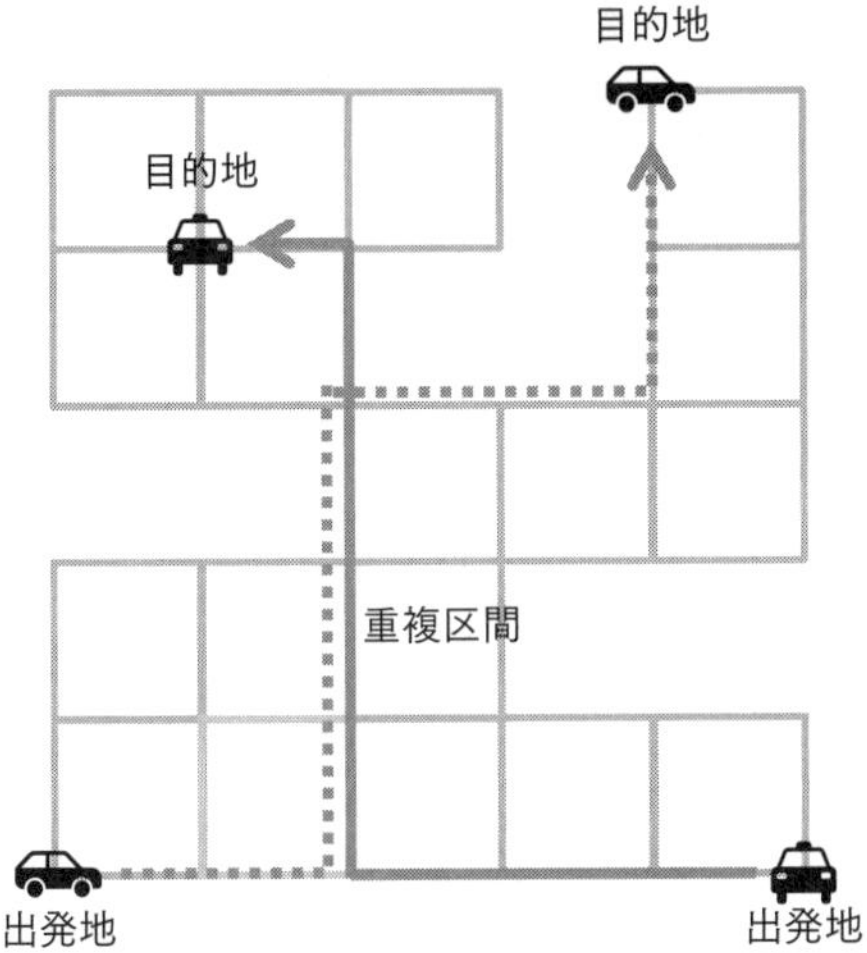

［出所］https://arxiv.org/pdf/1708.01625.pdf を参考に著者作成

同様の問題への取り組みは、NECや豊田中央研究所なども進めています。

(2)　航空貨物の配置最適化（エアバス）

仏エアバスは、航空貨物コンテナを最も多く積載するために最適な配置を探索するコンペを開催しました。問題は5問ありますが、そのうちの1つを事例として紹介します。

図表6－8のように、L／M／Sの3種類のサイズからなるコンテナを、前方から1、2、……Nまでの番号が付けられた位置に配置します。このとき、重心位置が中央付近にあること

図表 6-8　コンテナ配置図

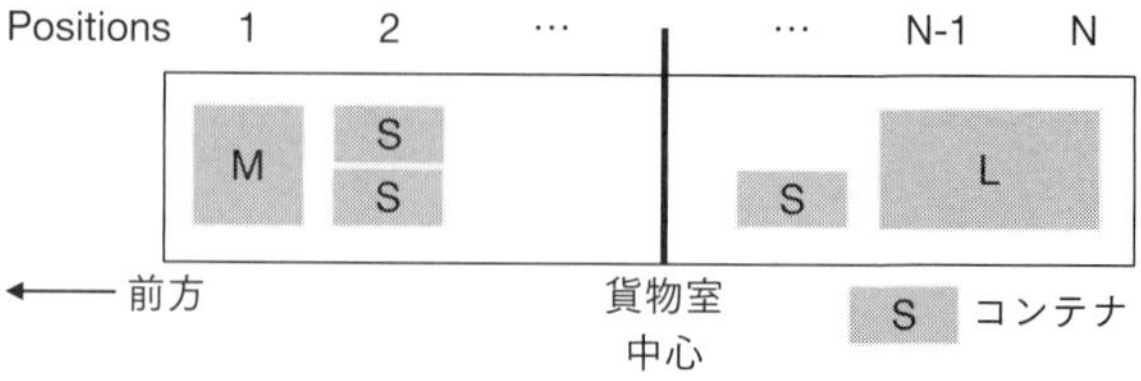

［出所］ https://www.airbus.com/sites/g/files/jlcbta136/files/2021-10/Airbus-Quantum-Computing-Challenge-PS5.pdf をもとに著者作成

や、特定の場所に荷重が集中しないといった制約条件を満たしながら、できるだけ多くのコンテナを配置する必要があります。

これを組み合わせ最適化問題として定式化して、量子アニーリング方式で解きます。なお、コンテナの大きさは3種類のみですが、重量はすべて異なっています。コンペに優勝したアルゴリズムを使えば、コンテナ35個、コンテナ配置可能な位置の数が20の設定で最適な配置を求めることができます。

本事例と同様の考え方で、船舶のコンテナ配置やトラックの貨物積み込みの最適化を行うことができます。

(3) 人員配置最適化（住友商事、日立、グルーヴノーツなど）

製造工場、コールセンター、物流拠点などに従事する人員の勤務シフト表を簡単にかつ短時間で作成したいというときに、量子アニーリング方式を活用して組み合わせ最適化問題を解くことが役立ちます。

人員配置最適化は、各従業員についてどの時間枠に勤務すればよいかを決定する問題です。単純に規定の勤務時間を満たすように時間枠を機械的に割り当てるのではなく、休憩がないままに長時間勤務しないこと、同時に勤務する人員数を一定にしておくこと、休暇日を考慮するなどの制約を満たす必要があります。

人員配置最適化の量子アニーリング方式活用の取り組みは、日本国内で多数の事例があり、代表的なものとして、勤務シフト最適化ソリューション（日立）、スケジューリング最適化パッケージ（グルーヴノーツ）、ベルメゾンロジスコの物流倉庫における人員配置最適化の実運用開始（住友商事、フィックスターズ）などがあります。それぞれ外部販売を視野に入れて、他社にも同様の人員配置最適化を行えるサービスを提供しています。

6　ハードウェアは3種類

本章の最後に、活用事例の中で使用されているハードウェアと、実用化に向けた進捗についてまとめます。

量子アニーリング方式の計算を行うハードウェアの選択肢は大きく3つあります。1つ目は超伝導量子ビットを使うディーウェーブの量子アニーリング実機、2つ目は従来の古典コンピュータで量子アニーリング方式をシミュレートした擬似量子アニーリング、3つ目は量子アニーリング実機と古典コンピュータを相互連携させるハイブリッドソルバーです（本章ではこれらを区別せずに量子アニーリング方式と記述しています）。

2023年の時点では、量子アニーリング実機でなければ解けない問題は存在しておらず、本章で紹介した事例はすべて擬似量子アニーリングを使えば再現することができます。特に、テレビCMの配信最適化はハイブリッドソルバー、複合ポリマーの安定構造探索は擬似量子アニーリングを使っています。これらの取り組みは、量子ビット数などのリソースが足りないために、量子アニーリング実機では解けないものになっています。

実用化の観点では、複合ポリマーの安定構造探索、テレビCMの配信最適化、航空貨物の配置最適化、人員配置最適化の4事例が実問題を意識した事例になっています。これらは実用化に近い段階にあります。例えば、テレビCMの配信最適化、人員配置最適化については実用化が完了したと報告されています。

しかし、ほかの事例については実証検証のための問題を解いたものに過ぎず、実用化に向けてはより大規模な問題で解けるように、さらなる技術革新が必要です。

COLUMN

量子アニーリング方式の最新トピック

量子アニーリング方式は、量子ゲート方式と比べて、新技術に関する話題が少し乏しくなっています。そんな状況の中で注目したい新技術を2つ紹介します。

1つ目はハイブリッドソルバーです。これはディー・ウェーブが開発した技術で、古典コンピュータと量子コンピュータを併用して組み合わせ最適化問題を解きます。これによって、量子アニーリング実機のみを使う場合よりも多数の量子ビットを使うことができ、解ける問題の幅が広がります。具体的には、ソフトウェア開発者から見れば量子アニーリング実機が5,000量子ビット程度しか使えないのに対して、ハイブリッドソルバーでは100万ビットも使えるように見えます。また、不等式制約や任意の整数値を扱えるようにするためのツールも提供されています。

2つ目はブラックボックス最適化です。これは材料設計パラメータの事例で紹介したように、目的関数の詳細がブラックボックスであるときに、その出力が最適解になるような入力を見つけ出す手法です。これまで、量子アニーリング方式は組み合わせ最適化問題を解くのに特化した印象が強かったところに、新たな用途を見いだすことができそうな技術と言えます。特に、ファクタライゼーションマシンが得意とする推薦システムへの応用が期待されます。

第7章

量子コンピュータの未来

1　ハードウェア、ソフトウェアの課題をどう克服するか

(1)　量子ゲート方式の課題

量子コンピュータが実世界で広く使われるようになるまでには、まだ克服すべき課題が多くあります。量子ゲート方式のハードウェアとソフトウェア、そして量子アニーリング方式に分けて著者が考える主な課題について説明します。

量子ゲート方式のハードウェアの課題は大きく2点あります。1点目は筐体外部からノイズなどの影響を受けることで、計算中に高い確率で誤りが発生することです。誤りが比較的少ないイオントラップ方式のハードウェアでも、1量子ビット演算の誤り発生確率が0・05%（2000回に1回の割合）、2量子ビット演算では0・4%程度とされています。

この確率を低下させること、誤り発生確率が高い状態でも効果的な誤り訂正技術が進展することの両輪で進めていく必要があります。単純比較はできませんが、グーグルのサーバー（古典コンピュータ）の3台に1台ほどが、1年あたり1回の訂正可能なメモリエラーが発生すると言われていますので、その差は歴然です。

2点目は、量子ビットが重ね合わせ状態などの量子特有の性質を保てる時間（コヒーレンス時間）が非常に短いという課題があります。長く複雑な計算を行うためには、この時間が長くなる（または量子ゲート演算が高速になる）必要があります。例えば、超伝導方式は、演算が高速であるものの、この状態を1ミリ秒以下しか保つことができません。

次に、量子ゲート方式におけるソフトウェアの課題を2点説明します。1点目は、誤りが発生しやすい現在のハードウェア（ノイズあり小中規模量子コンピュータ：NISQ）を活用できる有用な用途が見つかっていないことです。第5章で紹介した事例はすべて、量子コンピュータを使う必然性はなく、古典コンピュータでも解くことが可能です。用途が見いだせない状態が続けば、やがて企業の投資意欲の減退、さらには研究開発の規模縮小が懸念されます。

2点目はソフトウェア資産を維持するコストが高いことです。第2章でソフトウェア開発キットを紹介しましたが、ほかにも多くの開発キットがあり、開発が終了してベンダーからのサポートが受けられなくなったものもあります。サポートが継続している開発キットでも、古いバージョンとの互換性がないアップデートがしばしば発生しています。ソフトウェア開発者はその度に、自社ソフトウェアの再検証と修正を行わなければなりません。

(2) 量子アニーリング方式の課題

量子ゲート方式よりも成熟していると言われている量子アニーリング方式にも課題が大きく3点存在します。1点目は、最適化問題を表現するときに使うイジングモデルの表現力に限りがあることです。イジングモデルには、最適化したい問題を2次関数で表現しなければならないこと、また、変数の数が増大すると良い解が得られる可能性が低下するという制約があります。その影響で扱える最適化問題が限定されています。第6章で紹介した取り組みは、制約の中で問題をうまく定式化できた数少ない事例になっています。

2点目は、1点目の課題から派生したもので、量子アニーリング方式の活用範囲が狭いために、研究者・開発者のコミュニティ規模が量子ゲート方式に比べて非常に小さいことです。日本国内では研究に取り組んでいる大学・企業が比較的多いものの、国際的にはハードウェア・ソフトウェアともに研究が盛り上がっていると言える状況ではありません。

3点目は、ハードウェアの進展速度が鈍化する可能性です。2023年時点で、量子ビットを用いた量子アニーリング方式のハードウェアを提供できる企業はカナダのディーウェーブのみです。しかし、近年はこのハードウェアの量子ビット数の増加率に陰りが見られ、量子ビットの品質もあまり向上していません。さらに、ディーウェーブは2021年に量子ゲート方式のハードウェア開発にも取り組んでいくことを発表しており、同社は否定しているものの、量子アニーリングマシンの開発ロードマップの遅れを懸念する声も聞かれます。

2　発展のロードマップとマイルストーン

(1)　2050年までのロードマップ

米IBMに限らず、米グーグル、米リゲッティ、米アイオンキューなどの企業が量子ゲート方式のハードウェアについて、2030年頃までのロードマップを発表しています。2023年末には、IBMの超伝導方式の量子コンピュータの量子ビット数が世界で初めて4桁台に到達し、今後も量子ビット数は増加していくことが予想されています。

また、近年、公的資金や民間投資のターゲットは量子ハードウェア開発が大半でしたが、第1章でも述べた通り、今後は量子コンピュータの社会実装に不可欠な量子ソフトウェア開発への投資および技術進展が期待されます。

これまで第1章から見てきた技術・市場動向、取り組み状況などを踏まえ、筆者が考える量子コンピュータの2050年までのロードマップと主なマイルストーンを図表7－1に示

図表 7-1　量子コンピュータのロードマップとマイルストーン

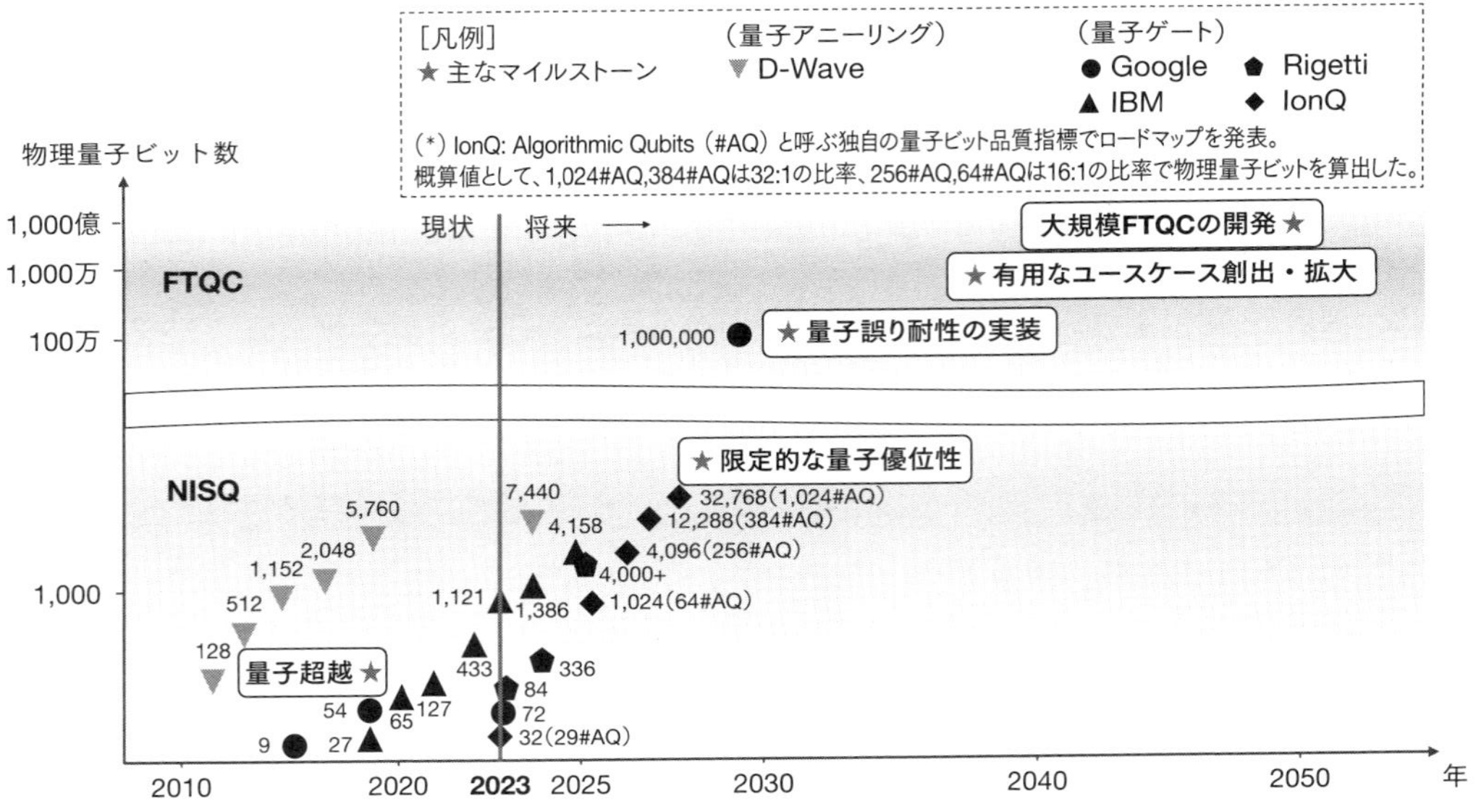

しました。横軸は時間、縦軸に物理量子ビット数としています。本来ならば、量子ゲート演算の誤り率や誤り訂正機能を持つ論理量子ビット数のスケーリングなどを見てロードマップを描くのが適切だと思いますが、性能やアプリケーションごとのベンチマークセットなどは検討段階であるため、物理量子ビット数を縦軸としています。

量子コンピュータに限った話ではありませんが、研究開発の推進には、新たな資金と企業・人材の呼び込み、研究開発と人材への再投資が必要です。しかし、現在の量子コンピュータは初歩的な段階で、量子コンピュータだけで有用な計算が可能になるにはしばらく時間がかかる見込みです。つまり、量子誤り訂正や量子誤り低減（誤りの検出・訂正は行わない）技術の研究開発でブレイクスルーが起きて、早期に量子誤り耐性あり量子コンピュータ（FTQC）が実現するか、現在のノイズあり小中規模量子コンピュータ（NISQ）上で限定的ながらも実際に役立つ商用アプリケーションが創出できるか、このどちらかが研究開発の進展、さらなる成功・好循環のカギとなると考えられます。

(2)　今後の重要なマイルストーン

中でも、直近のマイルストーンとして重要なことは、限定的ながらも、実用的な計算において古典コンピュータの性能を凌駕する量子優位なアプリケーションが創出されることだと思います。これは、市場の需要を呼び、持続的な研究開発、産業界・アカデミアのモチベーション維持、向上にもつながると考えるためです。

その実現時期は、これまで説明した技術や活用の進捗状況、市場や国策の動向などを総合的に考え、図表7－1では、2030年前後にプロットしました。ただし、量子コンピュータなどの黎明期の技術は、ブレイクスルーや新たな課題が発生することがあり、多くの不確実性を抱えている点は留意してください。例えば、量子ビット数や量子ビットの品質向上、量子誤りの低減技術の進展次第では、その実現時期は早まる可能性があります。

商用アプリケーションとしては、金融計算、最適化、AIなどの幅広い領域で活用が期待されていますが、中でも、材料・化学計算は小規模であっても限定的な量子優位性が実現できる可能性があるとされ、早期実現が期待されています。また、各種ライブラリやフレームワーク、デバッグツールなどの量子ソフトウェア開発環境のいっそうの整備も必要です。さまざまな研究者、技術者、ビジネスパーソンがオープンに分野を超えて交流・協力し、幅広い層が利用しやすい環境を一緒に整えていくことも重要となるでしょう。

もう1つの重要なマイルストーンは、量子誤り耐性の実装です。量子コンピュータは外部環境の相互作用によるノイズ（熱雑音）や、量子ビットの操作の際に発生する揺らぎ（磁場のでたらめな変化）の影響を受けやすく、量子ビットに誤りが生じます。

さらに量子ビット数を増やせば増やすほど、発生する誤りのパターン、回数が増えていきます。誤り発生確率に関して、古典コンピュータと量子コンピュータで100万倍くらいの差があるとされ、数十億の量子ゲート演算が必要とされる因数分解や量子化学など潜在的なアプリケーションの信頼性のある計算には、誤り発生率を大幅に下げる必要があります。

現段階で量子誤り耐性の確立した手法はありませんが、多数の物理量子ビットを冗長に符号化して論理量子ビットを作成し、一部に誤りが発生しても訂正が行える訂正符号という手法が有力とされています。グーグルは2023年2月に表面符号という手法を用いて、論理量子ビットに用いる物理量子ビットを17個から49個に増やす（スケールアップする）ことで量子誤り率が低下することを示しました。最終的に2029年までに、100万個の物理量子ビットを用いて1000個の論理量子ビットを実現することを目標に掲げています。

別のアプローチとして、大阪大学量子情報・量子生命研究センターと富士通が2023年3月に、量子誤り訂正に必要な物理量子ビット数を低減するアーキテクチャを提案しています。これにより、64論理量子ビットを1万物理量子ビットで構築ができるとされています。

また、大規模な量子誤り耐性あり量子コンピュータを開発するためには、量子コンピュータシステム全体のアーキテクチャ設計が必要です。例えば、超伝導方式の量子コンピュータでは、物理量子ビット数がある一定以上になると、冷凍機内にある量子プロセッサに大量の配線を通すのが困難になります。そのため、現在は室温環境にある制御・測定装置が低温環境でも動作するような技術開発の進展が必要です。

3　量子人材をどう育成するか

(1)　人材育成3つのステップ

各国が推進している国家戦略において、量子技術の研究開発に並んで重要な施策が人材育成です。量子コンピュータは技術のデパートと言われることもあり、数学や物理学、情報系などの多様な学術・専門家、量子コンピュータに適したビジネス課題・テーマを抽出できる人材など、総合的な知識、スキル、経験の集約が必要です（図表7－2）。

現状、体系的な育成手段は確立されていません。しかし、現時点から、①研修、②模擬演習（座学で学んだ知識を自らのスキルとして定着）、③実践（実践力を身につける）といった

図表 7-2　量子コンピュータ活用における役割分担と必要な人材・スキル

（淡色）ユーザ企業（システム部門含む）の役割と必要なスキル
（濃色）ベンダー企業の役割と必要なスキル

	課題	設計	プログラミング	計算	測定
役割分担	ユーザ企業（システム部門含む）			ベンダー企業	
量子ゲート方式	課題・テーマを抽出できる人材 有望なユースケースの調査	必要な量子アルゴリズムを検討できる人材 量子アルゴリズム調査・理解（量子力学、量子情報、オペレーションズ・リサーチ、課題に詳しいなど） 量子アルゴリズム開発（量子力学、量子情報、オペレーションズ・リサーチなど）	量子回路の作成し、実装できる人材 量子ソフトウェア実装（量子力学、量子情報、プログラミングスキルなど） 量子ソフトウェア開発・実装（量子力学、量子情報、プログラミングスキルなど）	ハードウェアを設計・制御できる人材 量子ハードウェアの開発（量子力学、量子情報、統計力学、電子工学、材料科学、コンピュータ科学など）	
量子アニーリング方式		イジングモデルに定式化できる人材 定式化する知識・ノウハウ（量子力学、統計力学、オペレーションズ・リサーチ、課題に詳しいなど） 最適化アルゴリズム開発（量子力学、統計力学、オペレーションズ・リサーチなど）	イジングモデルを実装できる人材 量子ソフトウェア実装（量子力学、統計力学、プログラミングスキルなど） 量子ソフトウェア開発・実装（量子力学、統計力学、プログラミングスキルなど）		

ステップを通して、将来的に量子コンピュータを活用できる人材を幅広く育成しておくことが重要です。

(2) ステップ1 研修

まず、量子コンピュータを活用するための前提となる知識を学ぶ必要があります。すでに世の中に多数の解説レポートがあり、当社（日本総合研究所）もレポート（量子コンピュータの概説と動向、2020年）を発行しています。知識インプットとしての座学や研修、ハンズオン演習（実際に手を動かしてアウトプットを作成）もすでにたくさん存在します。図表7－3に主な量子教育コンテンツをまとめていますので、一度チャレンジしてみるのもよいでしょう（大学数学レベルの知識があるとベターです）。

例えば、政府の量子技術イノベーション拠点の1つである大阪大学の量子ソフトウェア研究拠点（QSRH）では、量子ソフトウェア勉強会が2020年から毎年開催されています。通年カリキュラムで、前半はハンズオンを含む講義、後半はテーマごとに少人数のグループワークの実施となっています。最先端の研究者の講義を受けることで、量子ソフトウェアに関する体系的な基礎知識、最新の研究開発状況を把握できるほか、さまざまな企業や学

図表7-3　主な量子教育コンテンツ一覧

		タイトル	要点
書籍		『量子コンピュータが変える未来』（オーム社）	市場動向やユースケースについて豊富に記載
書籍		『いちばんやさしい量子コンピューターの教本』（インプレス）	技術解説から市場動向まで、的を絞って平易に解説
書籍		『量子コンピュータが本当にわかる!』（技術評論社）	ハードウェア技術、光量子コンピュータを中心に平易に解説
書籍		『絵で見てわかる量子コンピュータの仕組み』（翔泳社）	技術の深いテーマ、領域まで、図解解説
書籍		『量子コンピュータが人工知能を加速する』（日経BP）	量子アニーリングの計算原理、AIへの応用、将来展望などを解説
書籍		『クラウド量子計算入門』（カットシステム）	16の量子実験を通して、量子アルゴリズムを学び、量子シミュレーションで実行
書籍		『IBM Quantumで学ぶ量子コンピュータ』（秀和システム）	IBMの量子コンピュータで量子プログラミングの基本を学ぶ解説書
書籍		『量子コンピューティング』（オーム社）	基本アルゴリズムから量子機械学習まで、基礎をわかりやすく解説した書籍
オンライン教本・ハンズオン講義	無償	量子技術教育プログラム（Q-LEAP/JST）	光、イオントラップ、超伝導、量子ソフトウェアなど、14のトピックを横断的に学ぶ
オンライン教本・ハンズオン講義	無償	量子コンピューティング・ワークブック（東京大学）	量子コンピューティングを手を動かして学びたい方のための入門教材
オンライン教本・ハンズオン講義	無償	「量子ソフトウェア」寄付講座（東京大学）	学生向け講義のほか、社会人向け講座や量子ソフトウェアハンズオンで学ぶ
オンライン教本・ハンズオン講義	無償	Qiskitを使った量子計算の学習（IBM）	Qiskitをベースとした大学の量子アルゴリズム／計算コースの補足教材
オンライン教本・ハンズオン講義	無償	Quantum computing for you（東北大学）	量子アルゴリズムについて講義、演習、卒業試験を通して習得
オンライン教本・ハンズオン講義	無償	Quantum native dojo（キュナシス、大阪大学、NTT、富士通）	量子コンピュータの基本動作原理から、基礎・NISQアルゴリズムを学ぶ
オンライン教本・ハンズオン講義	無償	Understanding Quantum Computers（慶應義塾大学）	量子アルゴリズムの学習や国内外の専門家インタビュー動画を通して学ぶ
オンライン教本・ハンズオン講義	有償	量子ソフトウェア勉強会（大阪大学）	講義・ハンズオンとグループワーク形式で量子ソフトウェアを学ぶ
オンライン教本・ハンズオン講義	有償	Quantum Finance Training Courses（QuantFi）	量子金融のトレーニングコース＆チュートリアルを提供

生との交流を通して、人脈形成につなげることができます。

２０２１年６月に、東京大学と複数の企業によって東京大学大学院理学系研究科に設置された量子ソフトウェア寄付講座では、同大学の研究・教育の推進だけでなく、社会人向け講座や社会人・学生一体のハンズオンワークショップを開催しており、量子ゲート方式や量子アニーリング方式について理解を深めることができます。

概要
量子アニーリングマシンD-Waveのユーザが集まり、ユースケース事例などを共有・議論する国際会議
理論的な量子情報コミュニティを通して、最新の画期的な研究を発表・議論する国際会議
世界で2番目に大きい物理学会。超電導回路などの量子情報ハードウェア関連のセッションを開催
量子技術の現況、ビジネスの可能性、量子ロードマップを提供するビジネスリーダー向けのイベント
量子エレクトロニクス分科会を中心に、量子コンピュータに関する研究発表や講演会を開催
量子の商用化に焦点を当て、政府や研究所、事業家などの量子技術に関するリーダークラスが一堂に会するイベント
アカデミアからビジネスまで、量子コンピュータ関連企業が一堂に出展するEXPO
量子アニーリング方式に関する世界的な研究者が集結し、最先端の研究成果報告を共有し議論を深める国際会議
量子コンピューティングと工学の学際的なイベント
量子技術に関する政策立案者や研究者、事業家、投資家、教育者などの分野横断で学際的なリーダーが世界中から集結
量子コンピュータのビジネス応用を目指す国際会議。2022年から日本でも開催（7月）
量子アルゴリズムや量子ソフトウェア開発環境などを研究分野とする、情報処理学会の研究会

ほかにも、ＩＴ企業は定期的にハンズオンセミナーを開催しており、各社の量子アニーリングマシンの実機に実際に触れる機会もあるほか、量子技術による新

図表7-4　主なイベント・カンファレンス

開催月	名称	開催地	開始時期	内容
1月	Qubits	米国	2016年	実務的
1月	QIP (Quantum Information Processing)	(世界各地)	1998年	技術的
3月	The APS March Meeting (APS：American Physical Society)	米国	(1899年設立)	技術的
3、9月	Quantum Business Europe	仏	2021年	実務的
3、9月	応用物理学会	日本	(1946年設立)	技術的
4、9月	Quantum.Tech	北米・欧州	2019年	実務的
5、10月	量子コンピューティングEXPO	日本	2020年	実務的
6月	Adiabatic Quantum Computing Conference	(世界各地)	2012年	技術的
9月	IEEE Quantum Week (QCE：Quantum Computing and Engineering)	米国	2020年	技術的
9、11月	Quantum World Congress	米国	2022年	実務的
年3回	Q2B (Quantum Computing for Business)	米国・日本・仏	2017年	実務的
(年3回程度)	量子ソフトウェア研究会	日本	(2019年設立)	技術的

産業創出協議会（Q－STAR）のような産官学コンソーシアム内でも活発にセミナーや講義が開催されています。

ほかの手段としては、各種イベントやカンファレンス（図表7－4）に参加し、知識・スキルの獲得だけでなく、講演者や参加者とネットワーキングを行うことで、生の声や体験談、雰囲気を肌で感じることも有用です。以下に、代表的なイベント・カンファレンスをまとめました。

日本におけるビジネス的なイベント・カンファレンスの代表例としては、量子コンピューティングEXPO、Q2Bがあります。量子コンピューティングEXPOは、最先端の研究からアプリケーションまで、量子コンピュータ関連の企業が一堂に出展するイベントで、東京ビッグサイト（春）と幕張メッセ（秋）で開催されます。有識者による量子技術の最新動向の講演も行われています。

一方、Q2Bは、米QCウェア（量子スタートアップ）が主催する量子コンピュータのビジネス応用を目指す国際会議で、2017年から毎年シリコンバレーで開催されています。2022年から東京でも開催されており、国内外から量子ハードウェア・ソフトウェア企業、エンタープライズ企業、大学・研究機関、メディア、ベンチャーキャピタル（VC）、政府エージェントといった多様な人材が集まる国際的なコミュニティとなっています。東京開催はシリコンバレー開催の半分程度の規模ですが、2022年は374名、2023年は500名弱が参加し、ビジネス応用に向けた活発な議論がされています。

(3)　ステップ2　模擬演習

座学で学んだ知識を自らのスキルとして定着させるために、グループでアウトプットを作成し共有するアイデアソンや、アイデア・精度などを競うコンテストに参加するなどの手段があります。例えば、量子ゲート方式では、ＩＢＭが２０１９年から、ＩＢＭ量子チャレンジというコンテストを開催しています。これはエキスパート養成のための量子プログラミング大会で、米国、日本、インドで開催されています。問題作成はＩＢＭと慶應義塾大学が担当し、ＩＢＭのシミュレータを用いて問題を解きます。

量子アニーリング方式では、ＮＥＣがカナダのディーウェーブと共同で量子コンピュータチャレンジを２０２０年に開催しています。ディーウェーブマシンを用いて基礎から実践的な応用問題までトライします。また、東北大学では量子アニーリングソリューションコンテストを２０２１年に開催しており、優勝チームにはディーウェーブ主催の国際シンポジウム参加と実機見学の機会を提供しています。

(4)　ステップ3　実践

ユースケースのアイデアがある場合は、実践力を身につけるため、プロジェクトを通して実データの活用や実用化を見据えた実証実験を行います。

情報処理推進機構（ＩＰＡ）が主催する未踏ターゲット事業では、量子コンピューティング技術に関する自らのアイデアや技術力を活かしたプロジェクトを公募しています。採択者には活動実績に応じてプロジェクト推進費用が支援されます。さらに、知的財産権が採択者に帰属されるほか、さまざまな開発環境が提供され、専門家の指導、人材交流機会も提供されます。

4　技術はどう進化していくか

量子コンピュータに関する研究開発は、どの企業でも重要機密扱いになっているため、今後どのように技術が進化していくかを予測することは難しく、各企業・研究機関の公開情報や研究論文などをもとに推測するしかありません。本節の内容は著者の予想として参考にしてください。

ハードウェアについては、特にＩＢＭやアイオンキューが公表しているロードマップは２０２３年まで順調に実現しているので、今後もロードマップ通りに進化していくと思われます。現在はこの2社が注力する超伝導とイオントラップ方式が先行していますが、２０２３年6月にインテルが12量子ビットの半導体方式の量子プロセッサの提供を開始したので、半導体方式の実機の進展にも期待です。

ソフトウェアについては、誤り訂正アルゴリズムの研究と、実用的な用途を模索する動きが当面の間継続するものと思います。著者は量子コンピュータに適した用途として、統計処理、あるいは量子力学を応用した数値計算の２つに期待しています。例えば、金融や材料設計に関するシミュレーションです。

ＡＩについても期待したいのですが、近年はＡＩが扱うデータ量が大規模化しているのに対して、量子コンピュータが大量のデータを扱えるようになる見込みがないため、量子コンピュータの活用は当面は難しいと考えています。量子コンピュータがＡＩに活用できるとすれば、教師データをごく少量しか取得できない場面（例えば不正検知や材料設計など）に限定されると予想しています。

ここで取り上げなかった用途、特に基幹システムと言われる領域には、今後も古典コンピュータが使われ続けると思います。

5　企業が今、取り組むべきこと

(1)　商用アプリケーションの開発、標準化がカギ

最後に、著者が考える量子コンピュータ業界の展望と考察を述べます。

政策動向では、北米、中国、欧州、日本といった一部の国・地域だけでなく、近年、オーストラリア、インド、イスラエルなどの技術先進国が国策として、量子技術および量子コンピュータに膨大な投資を予定しています。暗号解読などの国家安全保障、国際競争力にもかかわるため、これからも量子技術を重要な国家戦略の柱とする動きは広がりを見せると予想されます。

また、その重点領域は、従前の基礎研究やデバイスの開発だけでなく、社会実装に向けた産官学連携支援や、スタートアップ育成の助成、量子人材育成および教育コンテンツ作成にも広がっていくでしょう。中でも、量子人材育成は、すでにどの国においても戦略上、最重要の柱として位置づけられています。これは企業の戦略でも同様だと思います。

量子コンピュータは黎明期の技術ですが、ユーザ企業では、技術を目利きでき、量子アル

ゴリズムを理解して実装できる専門人材を、数人でもよいので育成・獲得しておくことが重要です。もちろん、現時点ですべてを自社内で管理・遂行する必要はなく、大手ＩＴ企業や有力なスタートアップを見極め、将来の協業可能性を探ることも有用です。

市場動向は、欧米、日本などの経済状況による影響も受けると思いますが、実際にビジネスで役に立つ商用アプリケーションを示すことができるかどうかがカギとなるでしょう。何かしらの商業的な成果が出ないと、スタートアップでは資金調達や収益化に苦労する可能性もあります。また、量子コンピュータを利用するユーザ企業の視点に立てば、資金力の豊富な大企業が積極的に実証実験に取り組む一方で、それ以外の企業は静観することも予想されます。

現在の技術進展状況や活用事例などを踏まえると、あくまで一例ですが、短期的には、実用化が近い量子アニーリング方式を業務に適用する、量子ゲート方式での量子古典ハイブリッドアルゴリズムの研究開発に取り組む、中長期的な視点では、量子ゲート方式で代表的・要注目の量子アルゴリズムの動向調査、理解、実装などによる量子人材の教育に力を注ぐ、といったアクションプランが考えられます。

標準化の進展も、量子コンピュータの市場拡大にとって重要なポイントになると思われます。今後、商業応用にかかわるベンチマーク（指標、水準）の策定や、量子コンピュータアーキテクチャに関する標準化が進むことが予想されます。現在の量子コンピュータ業界には、客観的に統一されたベンチマークがないので、異なる量子コンピュータマシンの性能比較などが難しい状況です。そのため、このような標準化の動きは、量子コンピュータ分野の進捗状況をわかりやすく把握、確認するうえでも重要です。

また、知財獲得に関しては、米国、中国を筆頭に、超伝導方式だけでなく、さまざまなハードウェアの実現方式や、量子ソフトウェアおよび量子アルゴリズムに関する特許申請が増加すると予想されます。

これまで研究開発の対象、投資先は、ハードウェア開発が大半を占めていましたが、近年はソフトウェア開発も活発化しています。ユーザ企業のビジネスにとって、ソフトウェア領域の開発はとても重要であり、現時点から、競合先の量子アルゴリズムやソフトウェアなどの特許の動向を押さえておくことも大切です。

量子ゲート方式では、金融、化学、情報、製造を中心に、ＮＩＳＱアルゴリズムの新規開発・改良が継続し、限定的な応用問題に関して量子優位性の実現に向けた現実的なロードマップが登場し始めることが予想されます。関連する業界の企業は出遅れることがないように、人材育成と研究活動に継続的に投資する必要があります。

(2)「何をやったか」だけでなく「どうやったか」まで理解

ここで注意点が1つあります。新規のアルゴリズムや事例を調査する際、「何をやったか」だけではなく、「どうやったのか」具体的な手法にまで理解を深めておくことが肝要です。なぜなら、問題解決の手段を多く持っていることが、ユースケースの発掘に役立つと考えられるからです。第5章の量子ゲート方式の活用事例で、それぞれの企業が「どうやったのか」を説明しました。ぜひそちらも参考にしてください。

量子アニーリング方式の活用事例では、金融、化学などの領域で最適化を応用した実務適用の事例が増加するでしょう。特に、古典コンピュータと併用して、（人員配置問題のような）比較的シンプルな問題を大規模化していく取り組みが中心になるものと予想されます。ただし、量子優位性が実証されていないため、古典的な数理最適化の手法も含めて検討することをおすすめします。

一方で、金融工学などの実務で使われる複雑な最適化問題については、量子アニーリング方式で扱えるように定式化の方法を研究することにも価値はありますが、まだ研究事例が少なく、難しい取り組みになる可能性があります。

(3) 短期的に必要な4つのアクション

これまでの議論を踏まえて、量子コンピュータの導入に向けた企業のアプローチを以下にまとめます。加えて、自社の経営戦略やリソースに沿って、長期的な目線のもと、短期的に実現する具体的なアクションを定めていくのがよいでしょう。

①現在の量子コンピュータの課題を理解したうえで、今後、大きく進展する可能性のあるイオントラップ、半導体などのハードウェア実現方式の特徴や研究開発の進捗、誤り耐性技術の動向を調査し、いつごろまでにどのような量子コンピュータが実現される可能性があるのか、ロードマップを把握しておく。

②ベンダーやアカデミアが提供している研修や模擬演習、理論検証や実証実験に取り組み、量子人材を育成する。

③各種イベント、カンファレンスなどを通して業界トレンドや活用状況の実態を把握する。

④量子ソフトウェア・量子アルゴリズムに関して、アカデミアにおける研究成果を含めた

最新情報を収集・理解し、将来的に実現する可能性があるインパクトが大きいユースケース発掘に役立てる。

量子コンピュータはまだ黎明期の技術であり、スケーラブルで実用的な量子コンピュータがいつ実現するのか、そもそも実現可能性があるのか、さまざまな意見があります。先に紹介した通り、今の量子コンピュータは人間で言うところの幼稚園児くらいで、実用化に向けて乗り越えるべき壁はたくさんあります。

しかし、数年前から現在の量子コンピュータの開発状況を振り返ると、これから2年後、3年後には今とは違う別の景色になっているかもしれません。量子コンピュータは、古典コンピュータでは解くことがきわめて難しい問題を解けるという大きな可能性を秘めており、この魅力はアカデミア、産業界にとって不変です。

量子コンピュータは技術のデパートです。一企業だけで量子コンピュータの活用を推進することは難しく、産業・アカデミアがオープンに協力し、組織の垣根を越えて協働することが重要です。著者もさまざまなイベントに足を運んでいますが、そこにはビジネスパーソン、物理学や化学、情報系の研究者といった多様なステークホルダーが集まっています。

そのような中での成果共有や交流が、新しいイノベーション創造やユースケース探索、よりいっそうの技術進展につながっていくと思います。幸い、日本はここ数年間で、量子コンピュータに関するコンソーシアムが多く立ち上がっています。量子コンピュータに少しでも興味・関心があれば、量子コミュニティに一歩足を踏み入れてみることをおすすめします。

〈A〉経済・金融

3	貿易の知識	小峰・村田
7	外国為替の知識	国際通貨研究所
36	環境経済入門	三橋規宏
44	証券化の知識	大橋和彦
52	石油を読む	藤和彦
60	信託の仕組み	井上聡
73	デリバティブがわかる	可児・雪上
77	やさしい株式投資	日本経済新聞社
78	金融入門	日本経済新聞社
79	金利を読む	滝田洋一
80	医療・介護問題を読み解く	池上直己
81	経済を見る3つの目	伊藤元重
83	はじめての海外個人投資	廣重勝彦
84	はじめての投資信託	吉井崇裕
85	フィンテック	柏木亮二
86	はじめての確定拠出年金	田村正之
87	銀行激変を読み解く	廉了
89	シェアリングエコノミーまるわかり	野口功一
91	テクニカル分析がわかる	古城鶴也
92	ＥＳＧはやわかり	小平龍四郎
93	シン・日本経済入門	藤井彰夫
94	医療と介護３つのベクトル	池上直己
95	資源の世界地図	飛田雅則
96	アジアのビジネスモデル　新たな世界標準	村山宏
97	インパクト投資入門	須藤奈応
98	戦後日本経済史	日本経済新聞社
99	カーボンニュートラル	野村総合研究所
100	投資のきほん	日本経済新聞社
101	日本のエネルギーまるわかり	塙和也

〈B〉経営

33	人事管理入門	今野浩一郎
70	製品開発の知識	延岡健太郎
74	コンプライアンスの知識	髙巖
76	人材マネジメント入門	守島基博
95	メンタルヘルス入門	島悟
106	ブルー・オーシャン戦略を読む	安部義彦
107	パワーハラスメント	岡田・稲尾
110	ビッグデータ・ビジネス	鈴木良介
112	職場のメンタルヘルス入門	難波克行
113	組織を強くする人材活用戦略	太田肇
116	会社を強くする人材育成戦略	大久保幸夫
117	女性が活躍する会社	大久保・石原
118	新卒採用の実務	岡崎仁美
119	ＩＲの成功戦略	佐藤淑子
121	コーポレートガバナンス・コード	堀江貞之
122	ＩｏＴまるわかり	三菱総合研究所
123	成果を生む事業計画のつくり方	平井・淺羽
124	ＡＩ（人工知能）まるわかり	古明地・長谷
125	「働き方改革」まるわかり	北岡大介
126	ＬＧＢＴを知る	森永貴彦
127	Ｍ＆Ａがわかる	知野・岡田
128	「同一労働同一賃金」はやわかり	北岡大介
129	営業デジタル改革	角川淳
130	全社戦略がわかる	菅野寛
131	５Ｇビジネス	亀井卓也
132	ＳＤＧｓ入門	村上・渡辺
134	サブスクリプション経営	根岸・亀割
135	アンガーマネジメント	戸田久実
136	ＰＤＣＡマネジメント	稲田将人
137	リモート営業入門	水嶋玲以仁
138	Ｑ＆Ａいまさら聞けないテレワークの常識	武田・中島
139	ビジネス新・教養講座　テクノロジーの教科書	山本康正
140	日本企業のガバナンス改革	木ノ内敏久
141	ビジネス新・教養講座　企業経営の教科書	遠藤功
142	ジョブ型雇用はやわかり	マーサージャパン
143	いまなら間に合う　デジタルの常識	岡嶋裕史
144	ＫＰＩマネジメント	佐々木一寿

- 145 まるわかりChatGPT＆生成AI　野村総合研究所
- 146 量子コンピュータまるわかり　間瀬・身野

〈C〉 会計・税務

- 1 財務諸表の見方　日本経済新聞社
- 4 会計学入門　桜井久勝
- 41 管理会計入門　加登豊
- 50 会社経理入門　佐藤裕一
- 51 企業結合会計の知識　関根愛子
- 54 内部統制の知識　町田祥弘
- 57 クイズで身につく会社の数字　田中靖浩
- 59 ビジネススクールで教える経営分析　太田康広
- 60 Q&A軽減税率はやわかり　日本経済新聞社

〈D〉 法律・法務

- 2 ビジネス常識としての法律　堀・淵邊
- 6 取締役の法律知識　中島茂
- 11 不動産の法律知識　鎌野邦樹
- 26 個人情報保護法の知識　岡村久道
- 27 倒産法入門　田頭章一
- 30 金融商品取引法入門　黒沼悦郎
- 32 信託法入門　道垣内弘人
- 35 不動産登記法入門　山野目章夫
- 37 契約書の見方・つくり方　淵邊善彦
- 41 ビジネス法律力トレーニング　淵邊善彦
- 42 ベーシック会社法入門　宍戸善一
- 43 Q&A部下をもつ人のための労働法改正　浅井隆
- 44 フェア・ディスクロージャー・ルール　大崎貞和
- 45 はじめての著作権法　池村聡

〈E〉 流通・マーケティング

- 44 競合店対策の実際　鈴木哲男
- 48 小売店長の常識　木下・竹山
- 52 消費者行動の知識　青木幸弘
- 54 物流がわかる　角井亮一
- 56 オムニチャネル戦略　角井亮一
- 57 ソーシャルメディア・マーケティング　水越康介
- 58 ロジスティクス4.0　小野塚征志
- 59 ブランディング　中村正道

〈F〉 経済学・経営学

- 4 マクロ経済学入門　中谷巌
- 16 コーポレートファイナンス入門　砂川伸幸
- 22 経営管理　野中郁次郎
- 30 経営組織　金井壽宏
- 33 経営学入門(上)　榊原清則
- 34 経営学入門(下)　榊原清則
- 38 はじめての経済学(上)　伊藤元重
- 39 はじめての経済学(下)　伊藤元重
- 40 組織デザイン　沼上幹
- 51 マーケティング　恩蔵直人
- 52 リーダーシップ入門　金井壽宏
- 55 ポーターを読む　西谷洋介
- 56 コトラーを読む　酒井光雄
- 59 日本の経営者　日本経済新聞社
- 61 行動経済学入門　多田洋介
- 62 仕事に役立つ経営学　日本経済新聞社
- 63 身近な疑問が解ける経済学　日本経済新聞社
- 65 マネジメントの名著を読む　日本経済新聞社
- 66 はじめての企業価値評価　砂川・笠原
- 67 リーダーシップの名著を読む　日本経済新聞社
- 68 戦略・マーケティングの名著を読む　日本経済新聞社
- 69 カリスマ経営者の名著を読む　高野研一
- 70 日本のマネジメントの名著を読む　日本経済新聞社
- 71 戦略的コーポレートファイナンス　中野誠
- 72 企業変革の名著を読む　日本経済新聞社
- 73 プロがすすめるベストセラー経営書　日本経済新聞社
- 74 ゼロからわかる日本経営史　橘川武郎
- 75 やさしいマクロ経済学　塩路悦朗

76 ゲーム理論とマッチング　栗野盛光
77 イノベーションの考え方　清水　洋

〈G〉 情報・コンピュータ

10 英文電子メールの書き方　ジェームス・ラロン

〈H〉 実用外国語

17 はじめてのビジネス英会話　セイン・森田
18 プレゼンテーションの英語表現　セイン／スプーン
19 ミーティングの英語表現　セイン／スプーン
20 英文契約書の書き方　山本孝夫
21 英文契約書の読み方　山本孝夫
22 ネゴシエーションの英語表現　セイン／スプーン
23 チームリーダーの英語表現　デイビッド・セイン
24 ビジネス英語ライティング・ルールズ　森田・ヘンドリックス

〈I〉 ビジネス・ノウハウ

3 報告書の書き方　安田賀計
22 問題解決手法の知識　高橋　誠
24 ビジネス数学入門　芳沢光雄
28 ロジカル・シンキング入門　茂木秀昭
29 ファシリテーション入門　堀　公俊
31 メンタリング入門　渡辺・平田
32 コーチング入門　本間・松瀬
33 キャリアデザイン入門［I］　大久保幸夫
34 キャリアデザイン入門［II］　大久保幸夫
35 セルフ・コーチング入門　本間・松瀬
45 考えをまとめる・伝える図解の技術　奥村隆一
47 プレゼンテーションの技術　山本御稔
49 戦略思考トレーニング　鈴木貴博
50 戦略思考トレーニング2　鈴木貴博
51 ロジカル・ライティング　清水久三子
52 クイズで学ぶコーチング　本間正人
53 戦略的交渉入門　田村・隅田
55 仕事で使える心理学　榎本博明
56 言いづらいことの伝え方　本間正人
57 ビジネスマンのための国語力トレーニング　出口　汪
58 数学思考トレーニング　鍵本　聡
59 発想法の使い方　加藤昌治
60 企画のつくり方　原尻淳一
61 仕事で恥をかかない日本語の常識　日本経済新聞出版社
65 コンセンサス・ビルディング　小倉　広
66 キャリアアップのための戦略論　平井孝志
67 心を強くするストレスマネジメント　榎本博明
68 営業力　100本ノック　北澤孝太郎
69 ビジネス心理学　100本ノック　榎本博明
70 これからはじめるワークショップ　堀　公俊
71 EQトレーニング　高山　直
72 プロが教えるアイデア練習帳　岡田庄生
73 実践！　1on1ミーティング　本田賢広
74 コンサルタント的　省力説明術。　小早川鳳明
75 データサイエンティスト入門　野村総合研究所 データサイエンスラボ
76 ウェルビーイング　前野隆司・前野マドカ
77 ビジネス思考力を鍛える　細谷　功
78 アサーティブ・コミュニケーション　戸田久実
79 アクティブ・リスニング　ビジネスに役立つ傾聴術　戸田久実

著者略歴

間瀬 英之（ませ・ひでゆき）

（株）日本総合研究所 先端技術ラボ エキスパート

2014年、東京理科大学大学院理工学研究科修士課程修了、（株）日本総合研究所入社。国際金融規制に対するシステムの企画・開発、プロジェクト管理などを経て、2018年より先端技術ラボにて量子コンピュータ、AIなどの先端技術に関する動向調査業務に従事。2022年度公募「NEDO先導研究プログラム／新産業創出新技術先導研究プログラム案件検討委員会」委員。共著書に『金融デジタライゼーションのすべて』（金融財政事情研究会）がある。

身野 良寛（みの・よしひろ）

（株）日本総合研究所 先端技術ラボ シニア・スペシャリスト

2003年、京都大学大学院情報学研究科修士課程修了、（株）日本総合研究所入社。クレジットカードの基幹システム・Webシステムの全面更改プロジェクトのシステム開発を経て、2017年より先端技術ラボにて機械学習、自然言語処理に関する最新技術の調査や実証実験を推進。2020年より量子コンピュータの活用を図るべく技術調査に取り組み始め、量子コンピュータの民間活用に向けた実証実験の企画や執筆活動を続ける。

日経文庫

量子コンピュータまるわかり

2023年12月6日　1版1刷

著者　間瀬英之
　　　身野良寛

発行者　國分正哉

発　行　株式会社日経BP
　　　　日本経済新聞出版

発　売　株式会社日経BPマーケティング
　　　　〒105-8308　東京都港区虎ノ門4-3-12

装幀　next door design
組版　マーリンクレイン
印刷・製本　三松堂

ISBN978-4-296-11878-6
Printed in Japan